Kiko Denzer & Hannah Field

Lehm-Backöfen – selbst gebaut

stv

Kiko Denzer & Hannah Field

Lehm-Backöfen selbst gebaut

Für Isaac & Eben

Leopold Stocker Verlag
Graz – Stuttgart

Umschlaggestaltung: Werbeagentur Rypka GmbH, Dobl, www.rypka.at

Bildnachweis: Umschlagabb. Vorderseite: © Reinhold Zötsch, Umschlagabb. Rückseite: © Aya Brackett, Abb. Innenteil: Sofern nicht anders ausgewiesen Archiv des Autors oder des Verlages. Bilder im Anhang (S. 150–155): © Helmut Krois.

Titel der Originalausgabe: Kiko Denzer with Hannah Field: Build your own earth oven. A low-cost, wood-fired, simple sourdough bread, perfect loaves, 3rd revised expanded updated, Copyright 2007, Hand Print Press (*www.hardprintpress.com*), Post Office Box 576, Blodgett, OR, 97326, USA

Aus dem amerikanischen Englisch ins Deutsche übertragen von Ian Miller

Bibliografische Information der Deutschen Nationalbibliothek
Die Deutsche Nationalbibliothek verzeichnet diese Publikation in der Deutschen Nationalbibliografie; detaillierte bibliografische Daten sind im Internet unter http://dnb.d-nb.de abrufbar.

Hinweis: Dieses Buch wurde auf chlorfrei gebleichtem Papier gedruckt. Die zum Schutz vor Verschmutzung verwendete Einschweißfolie ist aus Polyethylen chlor- und schwefelfrei hergestellt. Diese umweltfreundliche Folie verhält sich grundwasserneutral, ist voll recyclingfähig und verbrennt in Müllverbrennungsanlagen völlig ungiftig.

Auf Wunsch senden wir Ihnen gerne kostenlos unser Verlagsverzeichnis zu:
Leopold Stocker Verlag GmbH
Hofgasse 5/Postfach 438
A-8011 Graz
Tel.: +43 (0)316/82 16 36
Fax: +43 (0)316/83 56 12
E-Mail: stocker-verlag@stocker-verlag.com
www.stocker-verlag.com

ISBN 978-3-7020-1354-7

3. Auflage 2020

Layout: Werbeagentur Rypka GmbH, Dobl, www.rypka.at
Druck und Bindung: Livonia Print SIA, Lettland

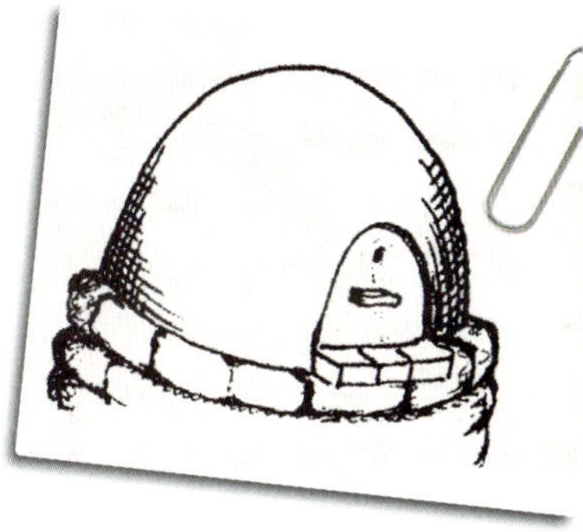

Inhalt

Vorwort des Übersetzers

Für mich gab es einen ganz klaren Grund, dieses Buch ins Deutsche zu übersetzen: zum einen meine große Begeisterung für Lehmbacköfen (und im Allgemeinen für den Lehmbau) und zum anderen das Buch selbst, das aus meiner Sicht das Beste ist, was zu diesem Thema erhältlich ist. Es ist nicht übertrieben, wenn ich feststelle, dass *Lehm-Backöfen – selbst gebaut* mein Leben verändert hat. Während meines Studiums der Agrarökologie in Santa Cruz/Kalifornien lernte ich einen Lehmbackofen, der von einem Kollegen gebaut wurde, kennen. Er hat eigenes Brot gebacken und damit eine kleine Brotbäckerei betrieben. Ich habe außerdem ein Praktikum auf einem biologisch-dynamischen Bauernhof in Kärnten absolviert. Während dieser Zeit habe ich mich in das Vollkornsauerteigbrot verliebt und dessen Zubereitung gelernt. Mit der Zeit erkannte ich, dass dieses Brot, im Holzofen gebacken, am besten schmeckt. Damals konnte ich mir allerdings nicht vorstellen, einen Ziegelofen selbst zu bauen, weil das erstens zu viel kosten würde und weil ich zweitens zu jener Zeit noch nie etwas gebaut hatte. Dann bin ich auf Kiko Denzers Buch gestoßen und durch das Ausprobieren der Anleitungen in den einleitenden Kapiteln des Buches ist es mir klar geworden, dass ich einen Lehmbackofen tatsächlich selbst bauen könnte!

Mit meiner Frau verfolgte ich von nun an das Ziel, ein eigenes Sauerteigbrot im eigenen Lehmbackofen zu backen, Getreide mit der Hand anzubauen und einen Brotstand am Bauernmarkt zu eröffnen. Ein Ehepaar in Iowa, das einen Bauernhof bewirtschaftet, bot uns schließlich an, all unsere Träume auf ihrem Anwesen zu verwirklichen. Wir sind zu ihnen gezogen und haben sofort mit dem Bauen des Ofens angefangen. Ich habe einen Monat gebraucht, bis ich damit fertig war. Da es in diesem Jahr viel Regen und Hochwasser gab, habe ich viel Kies, der durch den vielen Regen ausgewaschen worden war, am Straßenrand holen können. Sand, der vom Hochwasser angeschwemmt wurde, habe ich von einem Bach aus nächster Nähe geholt. Steine für das Fundament und den Unterbau holte ich aus dem Straßengraben. Mein Ofen hatte 80 cm

Durchmesser und kostete mich damals nur ca. 40 Euro.

Nach vielen Probeläufen haben wir dann unseren Bauernmarktstand eröffnet. Die für uns spannende Frage lautete: Mögen US-Amerikaner, die Vollkornsauerteigbrot in der Regel nicht kennen, unser Brot? Die Antwort ließ nicht lange auf sich warten: Das Brot ging weg wie warme Semmeln, wie man in hiesigen Breiten sagt. Im darauffolgenden Jahr waren wir wöchentlich ausverkauft, egal wie viele Laibe wir zum Markt brachten. Zu Spitzenzeiten haben wir an einem Backtag 50 Laibe zu je 700 g gebacken. Ein Aufheizen reichte aus, um den Ofen dreimal am Tag mit Teig zu beladen! Die erste Ladung backte 30 Minuten, die zweite 45 Minuten und die dritte 70 Minuten.

Insgesamt habe ich zehn Lehmbacköfen gebaut; vier davon im Rahmen eines von mir veranstalteten Workshops. Mittlerweile habe ich gemeinsam mit meiner Frau eine Hütte aus Lehm und Strohballen gebaut. Maßgeblich motiviert hat mich bei all dem Kiko Denzers Buch.

An dieser Stelle ein Hinweis auf das Baumaterial. Aufgrund meiner Erfahrungen im deutschsprachigen Raum bin ich zu der Überzeugung gekommen, dass der Begriff „Lehm" eher irreführend als hilfreich ist. Kiko Denzer beschreibt in seinem Buch, wie man im eigenen Garten ein Loch aushebt und den eigenen Boden auf Bautauglichkeit analysiert. Ein Lehmboden ist zwar ein tonhaltiger Boden, aber jeder Lehmboden ist unterschiedlich. Worauf es ankommt, ist eine selbstbewusste Entscheidung, ob der jeweilige Boden zum Bauen geeignet ist oder nicht. Das ist wichtiger als das Problem, ob das Material als „Lehm" zu definieren ist. Daher habe ich mich meistens für den Begriff „Bauerde" entschieden.

Ich möchte mich besonders bei Elke Cole (*www.elkecole.com*) bedanken, die sprachlich vieles zum Gelingen der deutschen Ausgabe beigetragen hat.

Danke dafür auch an Hendrik Lepel (*www.bakehus.com*), Holger Laerad und Rainer Warzecha! Ich möchte weiter der Familie Sliwa, allen Workshop-Teilnehmern und Kiko Denzer danken, die bei diesem Projekt unterstützend geholfen haben. Schließlich möchte ich meiner Frau Andrea und meiner Tochter Iantha Phoebe für ihre endlose Geduld und ihre Hilfsbereitschaft bedanken.

Ian Miller
Wien, im Frühjahr 2013

Kontakt:
Internet: www.lowcapitalfarming.com
E-Mail: millerbakery@gmail.com

Vorwort von Kiko Denzer

Liebe Leserinnen und Leser der deutschsprachigen Ausgabe meines Lehmofenbuches!

Feuer bringt Leben und dieses Buch über Lehmbacköfen hat so viel Lebendiges zu meiner Familie und mir getragen, dass ich nur annähernd meine Dankbarkeit ausdrücken kann. Das vorliegende Buch habe ich auch verfasst, um diese Dankbarkeit widerzuspiegeln.

Ian Miller, der mein Buch ins Deutsche übertragen hat, hat mehr als die bloße Übersetzung besorgt. Er hat mich eines Tages völlig aus dem Nichts kontaktiert und erzählte mir von seinen Öfen, seinem Haus aus Lehm und Stroh, seinem Brotstand auf einem Bauernmarkt in Iowa/USA; er erzählte von selbst angebautem und händisch geerntetem Roggen und Dinkel, seiner österreichischen Frau Andrea und seiner neugeborenen Tochter Iantha Phoebe und ihren Plänen, zurück nach Österreich zu ziehen. Er schlug eine deutsche Ausgabe dieses Buchs vor, nahm Kontakt mit allen Beteiligten auf und ging an die Arbeit. Danke Ian, nicht nur dafür, dass du den Samen gesät hast, sondern auch dass du den Boden gut vorbereitet hast. Dank geht auch an die Kollegen Elke Cole, Holger Laerad, Hendrik Lepel und Rainer Warzecha, sowie alle Ofenbauer, die freigebig ihre Erfahrung und ihr Wissen einbrachten.

Die Familie meines Großvaters väterlicherseits ist einst aus Österreich nach den USA gesiedelt, eine Tatsache, die meine Dankbarkeit vertieft, geht doch dieses Buch nun zurück in Länder, in denen Lehmbau, Holzöfen und gutes Brot nie komplett entwurzelt wurden.

Herzliche Grüße aus Oregon/USA
Kiko Denzer, im Sommer 2013

Die Bedeutung des eigenen Brotes

Ein Backofen und ein Laib Brot stehen beispielhaft dafür, wie der einfache Zusammenhang zwischen Ackerland und unseren Lebensmitteln mittels einfacher und angepasster Techniken manches Übel heilen kann. Das 1984 erschienene Werk „Laurel's Kitchen Bread Book" hat in der englischsprachigen Welt die Vorteile des Backens mit Vollkornmehl verdeutlichen können; in den USA wuchs das Interesse für natürlich gesäuertes Brot in der Folge spürbar. Es fand eine regelrechte „Sauerteigrevolution" statt.

Voraussetzung für das Backen mit Vollkornmehl ist ein Holzofen aus Ziegeln oder Lehm. Das hier vorgelegte Buch von Kiko Denzer bringt Grundinformationen über solche Öfen und eine Einführung in die Herstellung von gutem Vollkornbrot, die es Interessierten ermöglicht, ihr eigenes gesundes Brot selbst zu backen. Das eigene Brot selbst zu backen ist ein entscheidender Schritt weg von der Industrieproduktion, die sich ja auch auf unsere Grundnahrungsmittel erstreckt. Hier wird ein alternativer Weg aufgezeigt, der eine gesündere Ernährung ermöglicht.

Ich war schon immer der Ansicht, dass es besser ist, solche Alternativen in unsere Kultur einzubringen, bevor wir hinaus in die Welt – vor allem in die sogenannte Dritte Welt – gehen, um diese zu ändern, denn es sind ja wir, die von Materialismus geprägt sind und nun ganz dringend eine neue Richtung der geistigen Entwicklung brauchen. Wir können davon ausgehen, dass der Rest der Welt uns im Auge behält und gegebenenfalls auch bereit ist, von uns zu lernen. Bildung ist hier der Weg und gute Bücher sind die Anleitungen, denen zu folgen ist, wenn alle Stricke reißen. Für ein Leben nach der Industrialisierung ist Kiko Denzers Buch Vorbild und einer der Schlüssel eines lebenswichtigen, gewaltfreien sozialen Wandels.

Alan Scott (1936–2009),
Oatlands/Tasmanien, 2007

7 Argumente für Lehm

1. Bauen mit Lehm macht Spass.

Kinder können beim Bau eines Lehmbackofens helfen. *Dies kann für sie eine substanzielle Erfahrung sein.* Wissen sie mehr über Computer als von der Erde, die sie ernährt? Mit Schlamm zwischen den Zehen (und Teig zwischen den Fingern) können sie lernen, wie es sich anfühlt, eine Pflanze zu sein, deren Wurzeln den fruchtbaren Boden kosten und deren Blätter sich vom Sonnenlicht ernähren.

2. Mit Lehm geht's schnell.

Ich habe Demonstrationsöfen mit 30 cm Durchmesser in 15 Minuten gebaut und an einem halben Tag Öfen in voller Größe.

3. Lehm ist Kunst.

Die einfache runde Form eines Lehmbackofens ist an sich bereits Kunst, kann aber auch erst der Anfang sein!

4. Lehm ist günstig.

Der Bau eines Ofens sollte nicht mehr als 100 Euro kosten. Fangen Sie klein an: Ein Ofen mit 60 cm Durchmesser bäckt einige Laibe, kleine Pizzen, Hähnchen usw. und benötigt wenig Holz sowie eine geringere Zeit, um aufzuheizen. Der größte von mir gebaute Ofen ist innen 1,2 m x 1,2 m und hat außen einen Durchmesser von 2,7 m. Andere haben sogar noch größere mit Lehm gebaut.

Hendrik lernte Lehmbacköfen erst kennen, als ihn jemand zu einem Ofenbauworkshop am Wochenende einlud. „Dein Buch", so Hendrik, „war der Leitfaden, den der Lehrer verwendet hat ..."
(Der Ofen und das Foto wurden freundlicherweise von dem Erbauer zur Verfügung gestellt.) ▸

5. Lehm heißt Gemeinschaft.

Gemeinschaftsöfen als „gesellschaftlicher Mittelpunkt“, sei es innerhalb der Familie, sei es mit Blick auf die Nachbarschaft, haben eine lange Tradition. Einige werden aber erst kommen, „wenn gebaut wird“; andere werden aber spontan mitmachen, schmutzig werden und mit Ihnen bauen wollen!

6. Lehm ist anpassungsfähig.

Sie können einen schnell aufheizenden, dünnwandigen Pizzaofen, einen großen Erwerbsofen, einen kleinen Lagerofen, eine handgeformte Freiluftküche mit Sitzplätzen und anderes mehr bauen. Sie können auch direkt auf dem Boden, auf Sägeböcken oder auf einem permanenten Fundament aus Stein, Ziegeln oder Lehm bauen.

7. Ziegel sind Lehm.

Feuer wandelt Lehm in Ziegel um (Qualität variiert je nach Boden- und Mischverhältnissen). Die unten abgebildeten Öfen sind moderne Nachbauten alter deutscher Backöfen mit Lehmziegeln aus Zutaten wie Mist und Zucker (siehe auch Anhang). Das zweischichtige Design ist mit einem Hohlraum zur Wärmedämmung zwischen der ersten und zweiten Hülle ausgestattet (die erste Schicht der zweiten Hülle ist links sichtbar).

(Fotos: Holger Laerad)

HINWEIS

Bevor Sie mit dem Bau eines Lehmbackofens beginnen, sollten Sie neben der Frage, welche finanziellen Mittel Sie aufzubringen bereit sind, unbedingt klären, welche baurechtlichen Auflagen im Hinblick auf den Bau eines Lehmbackofens bestehen. Bedarf es womöglich einer Baugenehmigung? Muss ein derartiger Ofen abgenommen werden? Diese rechtlichen Bestimmungen können von Gemeinde zu Gemeinde oder von Bundesland zu Bundesland (z. T. deutlich) voneinander abweichen. Von den Antworten auf diese Fragen kann entscheidend abhängen, welchen Standort Sie für Ihren Lehmbackofen wählen können. Also: Unbedingt erst informieren, dann bauen!

Einführung

Warum einen Lehmbackofen bauen?

Fangen wir mit dem Brot an, und zwar einem echten Natursauerteigbrot. Manche Bücher vermitteln den Eindruck, es sei schwierig, dieses Brot zu backen – was es aber nicht ist. Das Geheimnis, gutes Brot zu backen, ähnelt dem Geheimnis des guten Tanzens: Man muss seinen Partner kennen lernen und üben! Beim Brotbacken geht es jedoch um mehr als zwei Partner: es gibt die Zutaten, den Bäcker, Utensilien, den Ofen, die Konsumenten usw. Dazu kommen die Zwänge des Alltags: Wir beeilen uns, die Mahlzeit „herunterzubringen" und gehen dann die nächste Beschäftigung an: Die Post steht an, der Hund will raus, das Telefon läutet usw. Schließlich fragt man sich, ob es nicht doch einfacher wäre, das Brot einfach einzukaufen.

Das Bauen eines Lehmbackofens – und mit einem zu backen – hat den Effekt, Ästhetik, Geschmack und echtes Brot in unser Leben zurückzubringen, und zwar dadurch, dass ein Platz für die wesentlichen Elemente Erde, Wasser, Luft und Feuer reserviert wird. Ihre Teilnahme ist explizit gefordert – was in den meisten modernen Küchen kaum noch nötig ist: Sie müssen die Zutaten nicht herstellen, kein Feuer erzeugen; ja, Sie müssen nicht einmal Hitze spüren. Wenn aber Aufmerksamkeit nicht mehr erforderlich ist, sinkt auch die innere Anteilnahme. Wer aber innerlich nicht teilnimmt, wird auch nicht weise.

Was passiert demgegenüber, wenn Brot im Holzofen gebacken wird? Pflanzen wandeln die Energie der Sonne in Materie (Zellulose), Nahrung oder Brennstoff um. Feuer wandelt Brennstoff in Energie um. Wasser löst den steinigen Boden, weicht ihn auf und erzeugt dabei den Ton, mit dem Sie einen massiven Ofen formen. Dieser Ofen absorbiert die freigesetzte Sonnenenergie des brennenden Holzes und speichert sie. Nach ein paar Stunden ist der Ofen so heiß, dass Sie das, was vom Feuer übrig geblieben ist, auskehren und den Teig, den Sie aus sonnengereiften Samen, Sauerteigkultur und Wasser hergestellt haben, backen können. Die heiße, feste Erde strahlt wie die Sonne gleichmäßig die Hitze ab, sodass Sie nicht nur Brot backen können, sondern auch Bohnen, Fleisch, Kartoffeln, Gemüse, Kuchen, Torten und Kekse; außerdem können Sie Suppe und Milch für Joghurt kochen. Zum Schluss können Sie das Holz für den nächsten Backtag austrocknen lassen.

Strahlungswärme scheint wirklich zu besserem Brot zu führen. Aber warum? Wenn man bäckt, wird mittels Feuer und Ofen Energie von Holz zum Teig übermittelt. Wie dieser Transfer stattfindet, ist ausschlaggebend. Es gibt drei Arten dieses Transfers: Strahlung, Konvektion und Wärmeleitung.

Hitze ist Energie. Physikalisch betrachtet ist das *Abstrahlen* eine Abgabe von Elektronen, die überall präsent sind und die Übertragung von Hitze sogar im All ermöglichen. Demgegenüber benötigt die *Wär-*

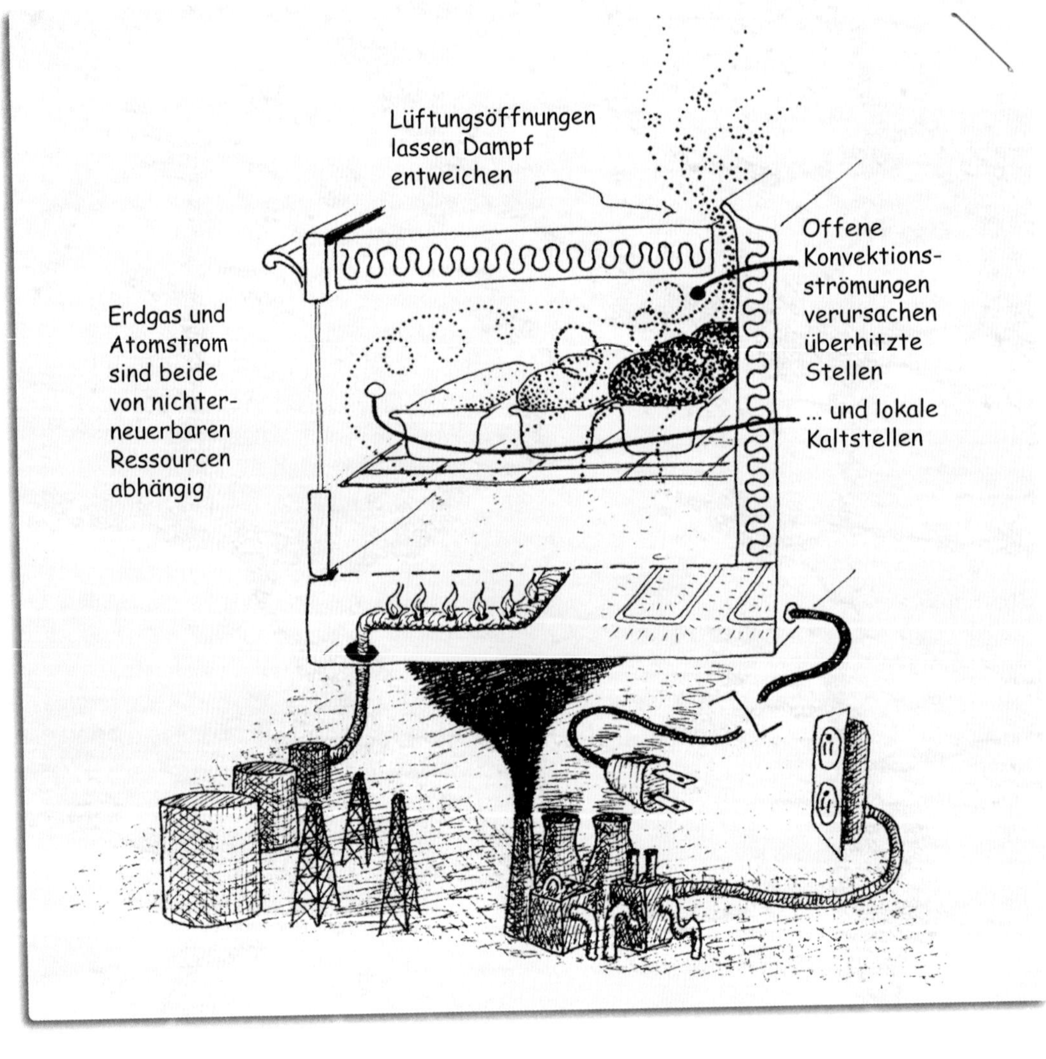

meleitung einen direkten Kontakt zwischen Molekülen von soliden Materialien. Die *Konvektionswärme* ist das, was passiert, wenn sich eine aufgeheizte Flüssigkeit oder ein aufgeheiztes Gas ausdehnt. Die Ausdehnung macht die Flüssigkeit oder das Gas leichter als seine Umgebung; deshalb steigt Gas auf (es ist also nicht die „Hitze", die aufsteigt, sondern beispielsweise aufgeheiztes Wasser oder aufgeheizte Luft).

Der konventionelle Backofen in Ihrer Küche heizt die Luft auf, womit Ihr Brot gebacken wird. Auch wenn es keine Heiß- oder Kaltlücken gibt, muss man, wenn mehr als zwei Laibe gebacken werden, die Brotlaibe so arrangieren, dass alle gleich beheizt werden. Mit sogenannten Umluftöfen wird versucht, das Ergebnis zu verbessern, indem ein Gebläse die heiße Ofenluft herumtreibt. Das führt aber dazu, dass das Brot zwar regelmäßiger bäckt, dafür aber austrocknet. Brotbacksteine helfen, ersetzen Holzöfen aber nicht.

Ein Lehmbackofen bäckt Ihr Brot mit allen drei Wärmeübertragungstypen: strahlende Hitze von den heißen Ofenwänden, Wärmeleitung durch die Schamottesteine oder Ziegeln, auf denen der Teig während des Backens liegt, und Konvektion durch das Zirkulieren von heißem Dampf. Mit dieser Hitze von allen Seiten können viele Laibe so gut wie einer gebacken werden.

Darüber hinaus verbessert das Zusammenwirken der verschiedenen Wärmeübertragungstypen das Aufgehen vom Brot – also die unregelmäßigen Löcher und hohen Laibe, die sich ergeben, wenn hefiger Teig zu einem letzten Aufgehen in Reaktion auf die hohe Hitze des Ofens führt. Zudem karamellisiert der sehr heiße Wasserdampf den Zucker der Teigoberfläche, was eine schöne, kräftige und schmackhafte Kruste ergibt.

Strahlende Hitze ist fundamental für unsere Existenz – wir haben die Sonne und die Jahreszeiten, Photosynthese und Wetter, Nahrung und Obdach, und, natürlich, Getreide und Brot. Der Architekt Christopher Alexander konstatierte einmal, dass Menschen eine biologische Präferenz für strahlende Hitze haben – dies ist seine Antwort auf die Frage, warum Menschen lieber eine Feuerstelle als eine Lüftungsöffnung haben. Vielleicht ist das ein weiterer Grund, warum Brot aus dem Holzofen einfach besser ist ...

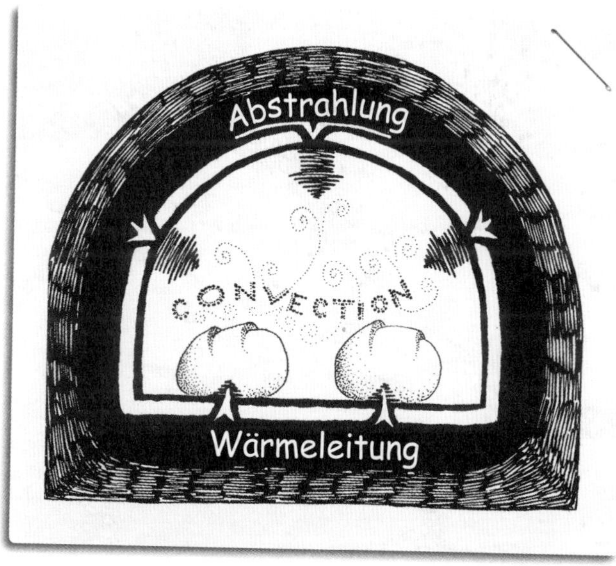

Brot aus dem Lehmbackofen ist besser, weil die Hitze im Lehmbackofen auf 3 Arten wirkt:

- *Strahlungswärme* durch heiße, massive Wände
- *Hitzeübertragung* durch direkten Kontakt mit dem Schamotteboden
- *Konvektionswärme* aus heißer, sich bewegender Luft

Mit Erde bauen – oder: Was ist denn eigentlich Lehm?

Wenn er mit Sand, Wasser und Stroh gemischt wird, trocknet ein tonhaltiger Unterboden in ein sehr hartes, dauerhaftes Material aus; das war gewiss der erste natürliche „Beton". In Nord-, Mittel- und Südamerika nennt sich das gleiche Material „Adobe"; ein Begriff, der ursprünglich von dem Arabischen „al-toba" herstammt und „der Ziegel" bedeutet. Arabische Eroberer brachten diesen Begriff von Nordafrika, wo es eine uralte und fortlaufende Lehmbautradition gibt, nach Spanien mit.

Ich bin persönlich ein Anhänger der britischen Tradition des Lehmbaus, wo das gleiche Grundmaterial „Cob", ein alter Begriff, der „Klumpen" bedeutet, heißt. Die Briten haben den Schritt, Ziegel zu produzieren einfach übergangen, indem sie tragende Hauswände einfach mit nassen, ungeformten Lehmklumpen gebaut haben. Danach haben sie die Wände austrocknen lassen und glatt gehauen. 500 Jahre alte Cob-Häuser sind in Devon, England, noch häufig zu finden, wo sie unter Denkmalschutz stehen und als sehr wertvoll angesehen werden.

Von direktem Regen und Schnee durch ein Dach und ein Fundament geschützt, hält Cob oder Lehm gut und lang, sogar im feuchten, windigen Devon. Ich habe selbst ein Lehmhaus in dem gemäßigten Regenwald der Küstenbergkette in Oregon, USA, gebaut. Es ist nicht nur viel wärmer, sondern auch noch trockener als meine hölzerne Hütte dort – ganz zu schweigen von der höheren Brandsicherheit und niedrigeren Wahrscheinlichkeit, dass Insekten Schaden verursachen.

Egal ob man es „Lehm", „Cob", „Ton", oder „Adobe" nennt, es ist alles Erde – und der Ofen, der daraus gebaut wird, wird tausend anderen ähnlich aussehen – davon einigen, die wahrscheinlich von Ihren Vorfahren gebaut wurden, denn Lehmöfen sind auf der ganzen Welt vertreten. Während Sie Ihre örtlichen Materialien kennenlernen, werden Sie sicher auf Ihre eigenen Improvisationen und Verbesserungen kommen und eigene Namen und Begriffe für diese entwickeln. Auch so fordert die Erde unsere Kreativität heraus.

Traditioneller Cob: Devon, England: Es gibt etliche von solchen Häusern, die jahrhundertealt sind. Die Tante und der Onkel meiner Frau bewohnen ein solches Haus, das laut Aufzeichnungen vor 700 Jahren die „Hütte" eines Priesters war. Beachten Sie die eingeschnittenen Ecken des nächsten Gebäudes und die traditionellen Strohdächer. ◂

Hitze auffangen

Die Hauptsache an einem Holzofen ist, Hitze aufzunehmen und zu speichern, und diese dann langsam abzugeben, um den Teig zu backen. Diese Methode ist über die Jahrtausende mehr oder weniger gleich geblieben und alle Techniken sind auch heute noch in Gebrauch.

In Indien werden *batti* aus Weizen auf einem von Kuhfladen betriebenen Feuer gebacken, und zwar einfach und unmittelbar. Auf dem Bild unten backen Frauen in Tunesien mit einer unglasierten Keramikpfanne auf einem „Drei-Steine-Feuer", das möglicherweise das verbreiteteste „Haushaltsgerät" der Welt ist. Bemerkenswert ist die Menge an Brot und der Brennstoff zwischen den Steinen, was der Bäckerin ermöglicht, das Feuer je nach Bedarf einzustellen. Darunter macht eine marokkanische Bäckerin Fladenbrote auf einem „Kanoor", worunter ein mit Ton beschichteter Metallcontainer verstanden wird. Die Pfanne, auf die sie ihren Teig legt, ist der Keramikdeckel ihres „Tangine"-Topfs. Sie wird aber auch etwas Brot direkt an der Innenwand des Ofens backen; ein Design, das dem klassischen Tandoor-Ofen (S. 131) sehr ähnlich ist. So oder so ist das Gerät einfach ein Container zum Speichern von Hitze – genauso wie das im Westen übliche Ofenrohr.

Bild aus dem Buch *Flatbreads & Flavors: A Baker's Atlas* von Jeffrey Alford und Naomi Duguid
(© Naomi Duguid, Asia Access Photos, ebenso Foto auf Seite 23) ▲

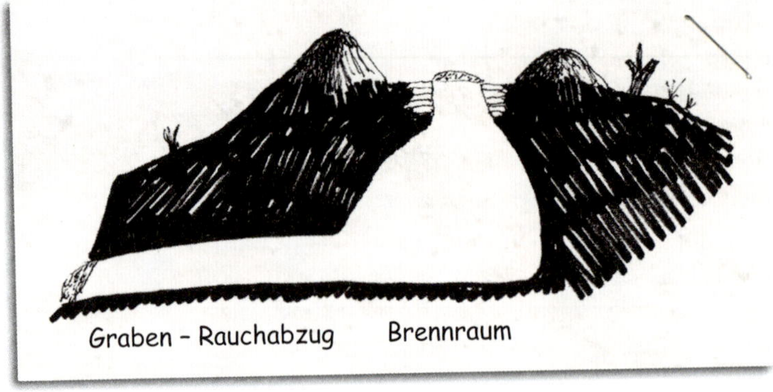

Ein unterirdischer Ofen zum Rösten von Mais, dem Vorläufer des „Hornos"; dieser Ofen war so groß, dass man einsteigen konnte, um den Mais ein- und auszulagern. Die Öffnung oben war zur Erhöhung der Standfestigkeit mit Stein ausgekleidet. Die zwei Hügel bestanden vermutlich aus ausgehobener Erde. (nach einer Zeichnung aus *Zuñi Breadstuff*)

Der allererste Ofen muss einfach ein Loch im Boden gewesen sein, das groß genug war, um ein Festessen zu kochen. Im US-amerikanischen Südwesten gruben noch vor einem Jahrhundert die Zuñi-Indianer in Hanglagen derartige Löcher, die sie einheizten und danach mit Maiskolben, die zur Erntezeit nicht ganz ausgereift waren, auffüllten. Grüne Stängel kamen auch dazu, die Öffnungen wurden dicht gestopft, und nachher speisten alle opulent. Was übrig blieb, wurde getrocknet und gelagert; das Ganze dauerte mehrere Tage.

Der Ofen, dessen Bauweise in diesem Buch gelehrt wird, ist nicht viel anders als die Öfen, die ich bereits beschrieben habe: ein „Loch" aus Lehm auf einem Schamotteboden; ein einfacher Ofenmund, der groß genug ist, Brennstoff und Lebensmittel hineinzugeben; der aber auch klein genug ist, Hitze zu speichern und hoch genug, dass Luft hineinfließt und Rauch herausbläst, damit im Endeffekt ein guter Brennvorgang zustande kommt. (Alles andere sind entweder eine Umänderung der Form oder die Beigabe von Isolierung, Rauchabzug, Ausputzloch oder einer Brennkammer.) Ein Feuer im Loch erzeugt die Hitze. Wenn die Hitze zum Backen reicht, kehren Sie die Asche aus und geben den Teig hinein. Manche Gerichte, wie die Zweiminuten-Pizza, Rostgemüse oder Steaks, benötigen ein kleines Zusatzfeuer an einer Seite oder hinten im Ofen.

Machen Sie sich ruhig Ihre Hände schmutzig

Da alle Theorie bekanntlich grau und grün „des Lebens goldner Baum" ist, schlage ich Ihnen jetzt vor, einen Übungsofen (oder drei!) zu bauen, um die Materialien und Techniken kennenzulernen. Nach dieser Erfahrung stellt sich bei Ihnen nicht nur ein besseres Verständnis für den Prozess des Bauens ein, sondern auch dafür, wie man die Materialien am besten nutzt und wie der Ofen am besten funktioniert.

Sie sollten deshalb in diesem Buch so viel lesen, wie Sie zum Verständnis brauchen; keinesfalls aber vergessen, dass es fast wichtiger ist, mit der Arbeit zu beginnen! Ich weiß zum Beispiel von zwei Zehnjährigen, die mit Hilfe bloßer Vorstellungskraft und ein paar Ideen Öfen gebaut haben. Darunter war ein Mädchen aus meiner Gegend, die von der folgenden Art Ofen gelesen hatte: Um ein Holzfass wird rundherum Erde angehäuft. Dann wird das

Fass einfach weggebrannt (siehe folgende Grafik). Da keine alten Whiskeyfässer um das Haus herum lagen, hat sie einen Milchcontainer aus Karton genommen und sich einen schönen Miniofen gebaut!

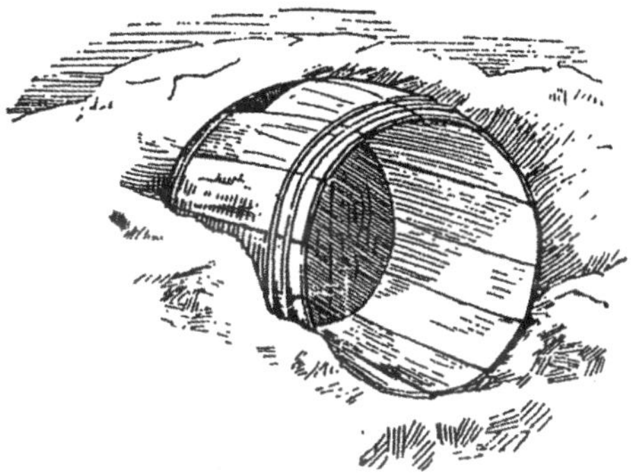

„[Ein] Backofen kann aus Ton und einem alten Fass sein ... [M]ach ein gutes, lebendiges Feuer im Fass ... bis alle Fassdauben ausgebrannt sind und der umgebende Ton hart gebrannt ist. Dies ergibt einen Ofen, der genauso gut – wenn nicht besser – wie ein moderner Backofen zuhause backt. ... Wenn es keine Fässer gibt ... gibt es andere Möglichkeiten, die für das Kochen, das für eine Gruppe junger Burschen beim Camping notwendig ist, geeignet sind."
D. C. Beard in *The American Boy's Handy Book* ▲

Den anderen Zehnjährigen kenne ich aus einem Artikel, der von einem Mann (oder einer Frau?) geschrieben wurde, der/die über seine Kindheit in London zwischen den beiden Weltkriegen erzählte. Er erinnerte sich daran, wie seine Familie damals (mit „der Mehrheit der Londoner") in die Kent Hop Gardens gegangen ist, um Hopfen zu ernten. Damit wollte man sich ein paar Groschen für Weihnachten verdienen, um den Kindern allzu seltene Ferien an der frischen Luft zu schenken. Sie schliefen in Hütten und kochten auf Paraffinherden oder im Freien. Das Geschäft, das Brot verkaufte, war weit weg und nur zu Fuß zu erreichen. Also hat dieser damals Zehnjährige seiner Mutter einen Ofen aus einem mit lokalem Kent-Ton beschichteten Zinnfass gebaut – und damit am Sonntag viele Freunde gewonnen, als alle ihre Braten rösten wollten!

Die einzigen Voraussetzungen hierfür sind im Grunde Inspiration und Interesse. Der Rest dieses Buches besteht einfach aus bestimmten Aspekten einer menschlichen Tradition, der wir alle zugehörig sind und die vor Tausenden von Jahren begann, als die Menschen mit dem Getreideanbau angefangen haben. Jetzt aber zurück zu unseren Öfen.

Experimente: Drei Löcher im Boden

Erstes Experiment: Ein Keksofen

Sie werden einen Haufen Sand brauchen, der ein wenig größer als Ihr Ofen ist, Ziegel für die Backfläche und Bodenerde. Die Erde sollte nicht gute Gartenerde sein, sondern das zähe, klebrige, tonige Material, das sich tiefer im Boden findet. Wie gute Erde zu erkennen ist, wird später noch angesprochen. Versuchen Sie sich zu Beginn auf Ihr Fingerspitzengefühl zu verlassen.

Bauen Sie aus drei oder vier Ziegeln ein Viereck auf einem feuersicheren, flachen Platz. Formen Sie aus feuchtem Sand einen festen, runden Hügel, der bis zum Ziegelrand geht (die Ziegel beim Ofenmund werden zum Teil unbedeckt bleiben). Der Sandhügel sollte von den Ausmaßen her etwas höher als breit sein (*Abb. 1*). Legen Sie danach eine Schicht nasses Zeitungspapier auf den Hügel.

Mischen Sie dann drei oder vier Teile Sand mit einem Teil Erde; diese dann vollständig zu einem festen Teig mischen. Sollte Ihnen das Gemisch zu sandig vorkommen, dann geben Sie ein wenig Erde dazu. Mischen Sie, wenn zu viel Erde vorhanden ist, etwas mehr Sand in den Teig.

Bauen Sie dann eine ca. 5 cm dicke bzw. handbreite Teigschicht um Ihren Sandhügel

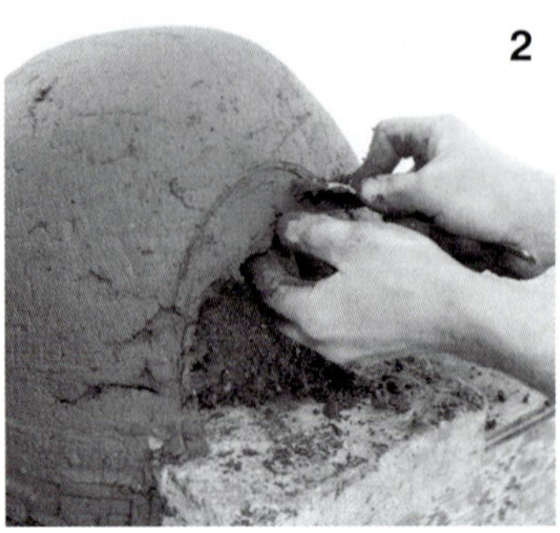

© Fotos: Milan Chuckovich ▲

und Ziegelboden herum, sodass im Endeffekt eine größere Version Ihres ursprünglichen Sandhügels entsteht.

Um den Ofenmund zu machen, einfach einen Bogen in die Oberfläche des Ofens zeichnen, der ungefähr 2/3 so hoch wie der Ofen und fast so breit wie der Ziegelboden ist. Diesen dann mit einem Messer oder Löffel ausschneiden (*Abb. 2*). Zum Schluss den Sand entnehmen, bis man zum Zeitungspapier gelangt (*Abb. 3*).

Der Ofen muss jetzt austrocknen. Dazu ist ein Feuer mit sehr dünnem Spanholz oder dünnen Zweigen notwendig. Es sollte ganz fröhlich dahinbrennen, aber falls es erstickt, raucht und allgemein nach Luft sehnend aussieht, das Feuer und die Zweige ein wenig herumschieben oder Brennmaterial entfernen, das zu viel erscheint. Experimentieren, aber wenn nichts hilft, den Ofenmund höher positionieren!

Wenn der Ofen komplett ausgetrocknet ist, kann man ihn innerhalb einer Stunde auf Backtemperatur (zumindest für Kekse) bringen. (Da dieser Ofen so klein ist, werden Sie sich wahrscheinlich die ganze Stunde um das Feuer kümmern müssen, damit es immer richtig gut brennt.) Wenn er backbereit ist, sollte der Ofenboden von der Asche gesäubert werden. Schieben Sie dann die Kekse hinein und schließen Sie den Ofenmund mit einem Stück Holz oder Ähnlichem. Erwarten Sie bitte nicht, dass dieser kleine Ofen sehr lang heiß bleibt; bei dieser Baugröße hat die Ofenmundgröße ziemlich viel Einfluss auf die Wärmespeicherfähigkeit des Ofens.

Bis jetzt haben Sie schon viel Wissen darüber gesammelt, wie sich Lehm anfühlt und verhält. Es bleiben aber viele offene Fragen: Wie gut lässt er sich mit Sand mischen? Wie lässt er sich gestalten und abdichten? Wie hart wird er, wenn er ausgetrocknet ist? Wie gut lässt sich aus Sand ein Hügel formen? Wie gut haben Ihre Ziegel das Feuer ausgehalten? Haben Sie es geschafft, ein gutes Feuer sogar im hinteren Bereich des Ofens zu haben? Wie gut konnten Sie die Asche aus dem Ofen entfernen? Wie lang hat es tatsächlich gedauert, bis das Mauerwerk richtig heiß war?

Sind Sie nun bereit, das Ganze bei einer größeren Ofengröße auszuprobieren und zu schauen, ob Sie nun nicht sogar schon einen Laib Brot zu backen in der Lage sind?

Zweites Experiment: Ein 1- oder 2-Laib-Ofen?

Sie werden dafür ein wenig mehr Erde, Sand und Ziegel brauchen. Für einen Ofen von ca. 60 cm Durchmesser ist mit drei 20 l-Eimer Sand für die Sandform und vier solcher Eimer für das Erde-Sand-Gemisch für den Ofen selbst zu rechnen. Dazu sollten genügend Ziegel vorhanden sein, um einen viereckigen Boden erstellen zu können.

Wenn der Ofen höherstehen soll, bauen Sie einen runden Unterbau aus Stein, Betonklötzen oder sogar Baumstämmen oder Holzscheiten. Der Ring sollte einen Durchmesser von ca. 110 cm haben, wenigstens 30 cm hoch und stabil genug sein, um eine Füllung aus gestampftem Kies, Gestein und Sand zu fassen. Sobald der Unterbau fest ist, sollte er mit Sand abgestreift werden, sodass die Ziegel fest und eben liegen.

Der wesentlichste Unterschied des Bauens von diesem im Vergleich zum ersten Ofen besteht darin, dass es sich jetzt um ein Größenverhältnis handelt, bei dem es sich auszahlt, bestimmte Bestandteile auszumessen:

- Die *Sandform* sollte 30–40 cm hoch sein.
- Die *Ofenmundbreite* sollte ungefähr die Hälfte des Bodendurchmessers umfassen, also 25–27 cm.
- Die *Ofenmundhöhe* sollte 63 % der Höhe der Sandform betragen (19–25 cm).
- Die *Ofenwand* sollte 7,5–10 cm dick sein (keine dünnen Stellen!).

Miniöfen herstellen

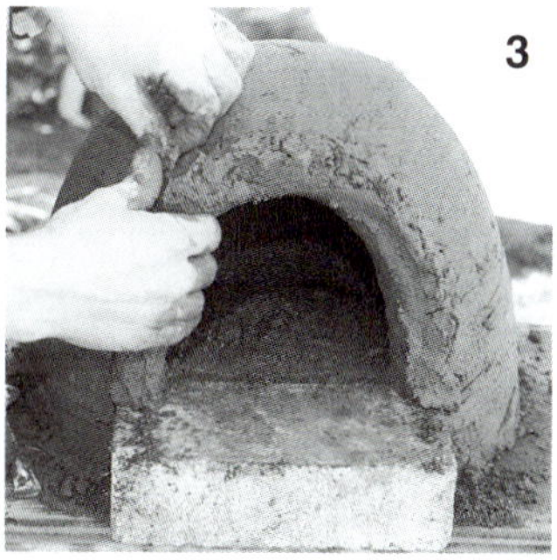

3

(© Foto: Tom Rizzo)

Miniöfen können auf einem einzelnen Ziegel oder mehreren gemacht werden (siehe Abb. 1–3; bei dieser Ofengröße sollte die Öffnung groß sein, damit das Feuer gut brennt). Die Kinder von Tom Rizzo bauten fünf solcher Öfen. Er hat den Lieblingskommentar von seiner Frau weitergeleitet, „... die spontan entschieden hat, dies zu machen. Sie unterstützt das Lehmbau-Konzept, aber in Wirklichkeit war es mein Konzept. Sie rief mich an, erzählte mir, was die Kinder machten und sagte, ‚Es hat Spaß gemacht!' Ich ahnte nicht, dass es so viel Spaß machen könnte! Die Kinder hörten nicht auf, zu kichern."

Um das Backen von Brot direkt auf den Schamottesteinen zu erleichtern, werden Werkzeuge zum Ausräumen des Feuers, Putzen des

Ofenbodens und Einschieben des Brotes gebraucht. Eine Tür, die Hitze und Dampf im Ofen hält, dürfte auch hilfreich sein (wenn Sie die Tür erstellen, bevor Sie den Ofen bauen, können Sie durch eine Anpassung der Tür an den Ofen für eine perfekte Abdichtung sorgen).

Sie werden vielleicht erkennen, dass Sie erst nach ein paar Feuerungen den Ofen richtig heiß bekommen (die verbleibende Feuchtigkeit verhindert das Erreichen von hohen Temperaturen). Wenn Sie eine Weile mit diesem Ofen gebacken haben, werden Sie sich langsam wünschen, dass der Ofen die Hitze länger hält, was uns zum folgenden Punkt führt:

Drittes Experiment: Eine Isolierschicht

In diesem Fall müssen Sie gar nicht bei null beginnen. Eigentlich geht es nur darum, noch zwei (oder drei) Schichten auf Ihren bereits existierenden Ofen zu bringen.

Die erste Schicht ist Isolierung, um die aufgefangene Hitze der Ofenwand zu halten. Die zweite Schicht ist ein Putz, um die Isolierung zu schützen und eine glatte Oberfläche zu erzielen, die auch verziert werden kann. Die dritte Schicht ist eine bildhauerische Ausschmückung, die je nach Geschmack gestaltet werden kann.

Mein Lieblings-Isoliermaterial sind grobe Sägespäne – oft gratis gegen Abholung oder preiswert zu erwerben und sehr einfach anzuwenden. Gemischt mit einem Brei aus Bauerde und Wasser wird es zu einem verarbeitungsfähigen Teig, der auch hitze- und feuerfest ist.

Die Form ist länger als breit, weil es mit den Ziegeln, die wir hatten, keine andere Möglichkeit gab. Da Sand nicht leicht zu bekommen war, habe ich den weichen Minnesota-Oberboden für die Form genommen und den Ofen selbst aus purem Unterboden, der an sich eine gute Mischung aus Ton und Schluff war und nur wenig Risse beim Trocknen erlitten hat. Am Tag darauf habe ich ihn mit Feuer ausgetrocknet; gleich danach haben wir gebacken! ◂

Mischen Sie Ton mit Wasser, bis das Gemisch zu einer gleichmäßigen, nicht klumpigen Flüssigkeit wird, die Ihre Haut wie eine sehr dicke Creme einhüllt („Brei" genannt). Vier bis acht Liter davon in eine Schubkarre voller Sägespäne schütten. Das Ganze mischen und mit den Sägespänen durchkneten. Geben Sie nur so viel Brei wie nötig dazu, um einen festen Teig zu machen. Packen Sie diesen 5–10 cm dick um Ihren Ofen herum (3–6 Eimer sollten reichen).

Als Deckschicht noch ein paar Eimer voller Erde-Sand-Mischung herrichten; dieses Mal aber nasser und mit etwas Faser dazu – wie zum Beispiel fein geschnittenes Stroh oder Pferde- oder Kuhmist. Je kürzer die Faser, desto glatter kann der Ofen werden. Diese Fasern auf die Isolierungsschicht aufbringen. Hier können verschiedene Werkzeuge benutzt werden: Handflächen, Finger, Bretter, Pfannenwender, Maurerkelle, Buttermesser oder Löffel.

Es kann gut sein, dass Ihre gesamten Backwünsche durch diesen Ofen erfüllt werden, besonders wenn Sie in der Regel sowieso nur Pizza und/oder ein oder zwei Brote backen, wenn er nur zu besonderen Anlässen gebraucht wird oder wenn er nur deswegen gebaut wurde, um Erfahrungen mit Lehm zu sammeln. Es ist aber nicht ausgeschlossen, dass Sie vielleicht doch einen besseren Ofen wollen, so zum Beispiel, wenn

- doch viele Pizza-Partys zustandekommen und Sie größere Pizzen backen wollen, als durch den Ofenmund hineinpassen,

Ein kleiner Ofen, an einem Tag fertiggestellt: Das ist ein 60 cm großer, eiförmiger Ofen; gerade groß genug für kleine Pizzen! Die Basis ist aus Schamottesteinen auf Betonplatten, die auf 5 cm starken Bretter liegen (gebrannt haben sie noch nie!). Ich habe geglaubt, dass der Ofen eher kurzlebig werden würde, aber seit nunmehr mehr als fünf Jahren heizen ihn meine Eltern für das halbjährliche „Meadowland Festival" und eine Kunsthandwerksmesse ein. Im Winter wird der Ofen mit einer Plane abgedeckt. ▲

- größeres Geflügel oder Braten gebacken werden soll,
- Sie langsam damit angefangen haben, die allmählich sinkende Hitze des Ofens auszunutzen, um noch mehr Gerichte, wie Bohnentöpfe, Eintöpfe und Desserts, mit einer Feuerung zu machen,

- einfach mehr Brot gebacken werden soll, als Ihr kleiner Ofen aushält (womöglich haben Sie bereits darüber nachgedacht, eine kleine Bäckerei aufzumachen), oder
- Sie die ganze Zeit gewartet haben, bis endlich der Text zu diesem Punkt kommt …

Ein einfaches Design, ein besserer Ofen

Dieses in Kürze beschriebene Design kann einem professionellen Ziegelofen in der Leistung gleichen und kann für kommerzielle Nutzung passend gemacht werden.
Zwei Aspekte des Designs sind von primärer Bedeutung: der eine betrifft die Höhe der Backfläche, die an die Größe des Bäckers angepasst ist. Der andere betrifft die Isolierung: dieser Ofen wird komplett isoliert, beginnend unter der Backfläche bis ganz oben, rundherum. Diese Maßnahme macht möglich, dass die maximale Hitze dort so lange wie möglich gespeichert wird, wo sie gebraucht wird; so geht sie nicht durch die Backfläche an den Erdboden verloren.

Es gibt verschiedene Möglichkeiten, Fundamente zu bauen, die zu jedem Budget und Zeitplan passen; jede Option hat aber ihre Vor- und Nachteile. Unter der Backfläche zu isolieren, ist ein wenig heikler wie beim restlichen Ofen, da sie das Gewicht der Schamottesteine und des Ofens selbst zu tragen hat. Jedoch setzt keiner dieser Aspekte mehr Geschick voraus, als es bei einem Grundofen der Fall ist – nur ein wenig mehr Zeit für Entschei-

dungen über Design, Planung und Materialien und vielleicht ein wenig mehr Umsicht beim Bauen.

Diese Aspekte werden im Folgenden vollständig behandelt, für den Moment aber nehmen wir an, dass Sie ein Fundament und eine gut isolierte Basis gebaut haben; der Rest des Ofens ist identisch mit Ofen Nummer drei. Es gibt Verbesserungen zu überlegen (besonders einen Torbogen, einen Rauchabzug und ein Aschenputzloch), aber diese ändern weder den Grundprozess noch das Resultat.

Nach dem Fertigstellen und dem kompletten Austrocknen können zwei Unterschiede zwischen diesem Ofen und einem, der ohne Bodenisolierung gebaut wurde, festgestellt werden: zum einen fällt auf, wie schnell er sich aufheizt, und zum anderen, dass er Hitze weitaus länger speichert.

Der Rest des Buches beschäftigt sich mit den genauen Schritten, dieses superisolierte Modell zu bauen. Wenn es wirklich einfacher sein sollte, kann man zwar auf die Bodenisolierung verzichten, ich lege aber nahe, diesen Abschnitt zu lesen, bevor Sie eine Entscheidung treffen. Es ist leichter gebaut als auf Papier aufzuzeichnen und sobald es fertig ist, ist der Rest wirklich einfach. Die Hauptentscheidung ist, ob Sie alles in einem Zug machen wollen oder Stück für Stück vorgehen.

Unser Ofen zu Hause: Die Backfläche ist 60 x 80 cm und groß genug, um acht bis neun Brotlaibe, die jeweils 700 g wiegen, zur selben Zeit zu backen. Rundherum hat er 15 cm Isolierstoff, damit die Hitze erhalten bleibt; damit können zwei Ladungen Brot, Kuchen und Kekse gebacken, Gemüse oder Fleisch geröstet, Bohnen, Suppen oder Eintöpfe gegart, kann Reispudding (über Nacht) bereitet und Milch zum Joghurtmachen gekocht werden. Am nächsten Tag morgens hat er noch 93 Grad – das ist perfekt zum Trocknen von Holz für den nächsten Backtag. Die Ziegelstücke im Ofenmund bilden die Unterlage für die Feuerungstür. Das Gebäude ist übrigens auch aus Lehm ... ◂

Details des Baues und des Designs: Der Unterbau ist ein einziger Ring aus Betonabbruch (Urbanit), den ich mit Steinen vom Fluss verblendet habe. Darauf steht ein Zylinder aus Lehm, der mit Kies und Baubruch aufgefüllt wurde. Ich hätte am liebsten das Dach weiter über den Backbereich gezogen, aber dies hätte einen Weg blockiert, weshalb wir beim Backen einen Tisch mit Brettern und Sägeböcken improvisierten. ▴

Standortvorbereitung, Planung, Material und Werkzeuge

Sie haben Ihre Hände ein wenig schmutzig gemacht und dabei Etliches gelernt. Nun wird es Zeit, einen Ofen, der Ihren individuellen Bedürfnisse angepasst ist, zu bauen, und zwar einen, der Hitze so lang wie möglich speichert, um den Brennstoff so gut wie möglich auszunutzen.

So wie bei allen ursprünglichen Baumethoden geht es auch hier um die zufriedenstellende Herstellung von etwas Schönem und Nützlichem aus dem, was zur Verfügung steht. Wozu eine ganze Liste standardisierter Materialien erstellen, die nur zu besonderen Zwecken nützlich sind, vielleicht den Vorstellungen nicht entsprechen und produziert und gekauft werden müssen, wenn die Erde, die unter Ihren Füßen liegt, genutzt werden kann und sich Dinge aus Ihrem eigenen Haus oder Garten (oder aus dem Ihrer Nachbarn oder aus Bauschuttcontainern) für bestimmte Projekte eignen? Besonders wenn es um Fundamente geht, spart Ihnen ein wenig Innovationskraft viel an Arbeit und/oder Kosten.

Standort

Der Standort, an dem Ihr Ofen steht, kann stark beeinflussen, wie effektiv Sie Ihren Ofen betreiben können. Beginnen Sie mit folgender Fragenliste:

- Ist der Standort, an dem Sie Teig und andere Nahrung vorbereiten wollen, wirklich zweckdienlich?
- Ist der Boden dort mehr oder weniger eben? Wird für das Fundament im größeren Ausmaß ausgehoben werden müssen?
- Wird der Ofen dort, wo Sie ihn gern hätten, auch wenn es kalt, dunkel oder regnerisch ist, benutzbar sein?
- Gibt es gute Standorte, die bereits von einem Dach oder einer Auskragung geschützt sind?

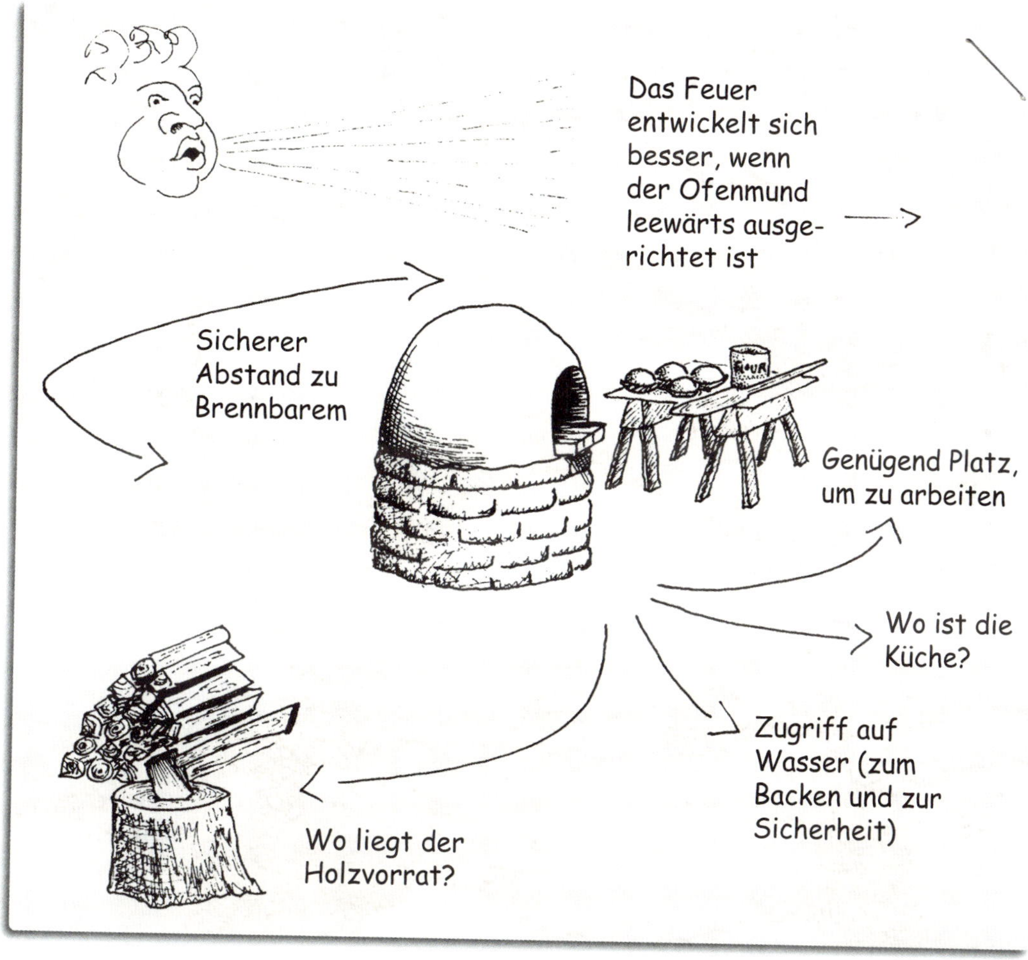

- Aus welcher Richtung kommt normalerweise der Wind? Könnte der Rauch für die Nachbarn problematisch sein? Wird ein Rauchabzug notwendig sein? (Ein Rauchabzug kann auch nachgerüstet werden.)
- Welche Auswirkung hat der Ofen auf Ihr eigenes Umfeld? Kann es sein, dass so eine große Masse überwältigend wirken wird? Können Sie ihn so bauen, dass er zu dem Standort passt?
- Was sind die Brandgefahren und Sicherheitsprobleme?
- Liegt der Ofenstandort zweckmäßig Ihrem Holzlager gegenüber? Könnte Ihr Holzschuppen vielleicht auch als Ofenhütte dienen oder umgekehrt?
- Bedürfen Ihre Pläne einer Genehmigung der Behörden? Müssen Sie den Ofen von der Feuerversicherungsgesellschaft anschauen lassen?

Ofengröße: Die doppelte Menge an Brot bei halb so viel Platz

Ein Ofen mit 60 cm Durchmesser ergibt eine Backfläche von zirka einem Viertelquadratmeter. Da man aber locker zwei Ladungen Brot mit einer Feuerung backen kann, ist es im Endeffekt so, als ob Sie eine Backfläche von einem halben Quadratmeter hätten: doppelt so viele Laibe bei halb so viel Backfläche!

Natürlich können Sie auch noch größer bauen, allerdings heißt das, einiges an Zeit und Material investieren zu müssen – ganz zu schweigen von Holzarbeit und längeren Feuerungen. Für diejenigen, die trotzdem einen größeren Ofen brauchen wollen, werden Mengenangaben von Materialien für drei verschiedene Ofengrößen im Diagramm auf Seite 42 angegeben. Der Rest des Bauvorganges bleibt im Wesentlichen gleich (es sei denn, er erreicht wirklich enorme Ausmaße; siehe hierzu Seite 143). Zu bedenken ist auch, dass ein Backflächendurchmesser von 120 cm schon für ein Restaurant ausreichen würde: In so einem Ofen können Sie eine Unmenge an Pizzen, ein paar Hundert Brotlaibe pro Woche und auch andere Gerichte backen (obwohl dieser vielleicht trotzdem noch zu klein für eine vollständige Bäckerei sein könnte).

Ein vollständig isolierter Ofen ist zwölf Stunden lang backfähig, wenn nicht sogar noch länger. Um auf die gewünschte Ofengröße zu kommen, fragen Sie sich Folgendes: Haben Sie vor, täglich, wöchentlich,

Zwei Überdachungsmöglichkeiten:
Ein einfaches Pultdach auf Stützen mit Platz für ein Brotregal und Werkzeuge (links)
Ein kanadischer Ofen mit einem Satteldach (rechts)

monatlich oder nur zweimal im Sommer zu backen? Wollen Sie nur Brot oder backen oder auch Pizzen, Fleisch usw.? Ihre gewohnten Schmor- und Suppentöpfe könnten auch die Größe mit bestimmen. Sie können auch Ihre Brotformen, Backbleche oder einfach Kreise aus Papier zusammenstellen und dann schauen, was für einen Kreis oder ein Oval Sie brauchen, das alle diese Utensilien umfasst. Nicht vergessen werden sollte auch Folgendes: Laibe gehen auf und/oder auseinander und auch die Tatsache, dass eine breitere Tür erforderlich ist, durch die Backbleche oder größere Pizzen passen müssen, macht womöglich eine Umplanung der Form des Backraums, breiter oder tiefer, erforderlich.) Wenn Ihnen Ihre „ideale" Größe zu groß vorkommt, denken Sie daran, dass sich mehrere Backgänge in einem kleineren Ofen backen lassen.

Sollten Sie größer oder kleiner bauen, als ich hier ausgeführt habe, verwenden Sie einfach meine Abbildungen und Aufzeichnungen, um Ihre eigenen Skizzen zu machen – auch grobe Aufzeichnungen helfen Ihnen, die vorliegende Arbeit zu visualisieren (besonders wenn Sie einige Erneuerungen und Experimente ausprobieren wollen).

Überdachung und andere Optionen

Machen Sie Ihren Ofen bitte auf keinen Fall wasserdicht! Ihr Ofen sollte „atmen" können. Während des Backens „atmet" der Ofen Wasserdampf aus, da der Brotteig selbst etwas Dampf abgibt. Ein wasserdichter Putz (Zement oder Anstrichfarbe) fängt Wasser im Ofen ein. Dort wo Wasserdampf in Kontakt mit dieser nicht atmungsfähigen Schicht kommt, kondensiert er. Die Feuchtigkeit wird dann wieder von den Materialien des Ofens aufgesaugt, was den Ofen aufweicht, dadurch schwächt und möglicherweise einen Einsturz verursacht.

Es entstehen bei den meisten undurchlässigen Verputzungen auch Risse, die Wasser schneller einsickern lassen, als sie Wasser nach außen kommen lassen. Die im US-amerikanischen Südwesten häufigen „Hornos", die ohne Bedachung auf Touristenfotos zu sehen sind, finden sich in der Wüste (sprich dort wo es fast nie regnet) und werden meistens außerdem jedes Jahr neu verputzt. Schönwetterbäcker, die mit Planen, Brettern oder Blechen zum Schutz des gerade nicht benutzten Ofens zurechtkommen, werden vielleicht keinen Grund finden, eine Überdachung zu bauen. Ein Ofen kann den Elementen in der Tat trotzen, allerdings wird er regelmäßige Wartung brauchen, wenn er lange funktionieren soll. Dazu braucht man noch wesentlich mehr Feuerholz, um zu backen, wenn der Ofen nass ist. Das alles sind Gründe, warum ein Dach letztlich doch unumgänglich ist.

Das Bauen einer Überdachung schafft zugleich einen wertvollen Arbeitsplatz. Sie muss jedoch nicht unbedingt gleich am Anfang genau geplant werden. Bauen Sie einfach bei schönem Wetter Ihren Ofen und probieren Sie ihn aus. Achten Sie darauf, was Sie brauchen; könnte es zum Beispiel eine Abstellfläche sein? Oder ein großer Tisch zum Kneten des Teigs

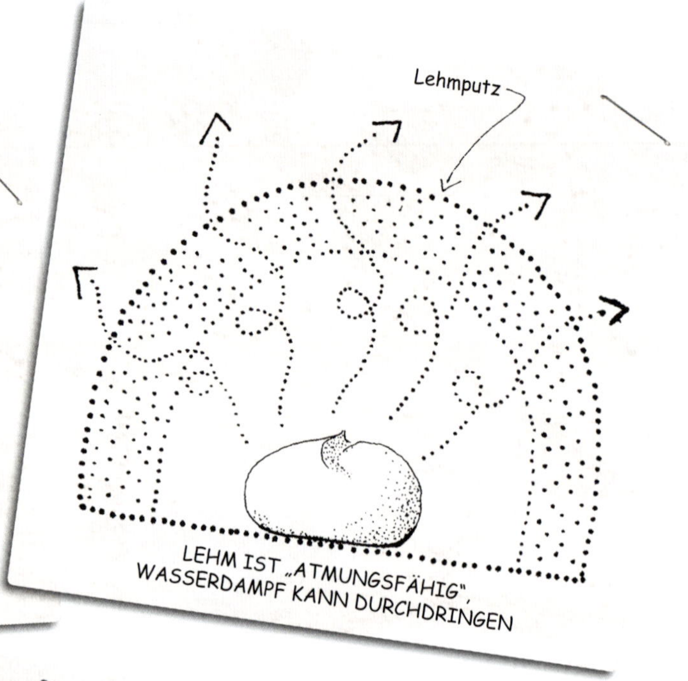

und Bereitstellen der Pizzabelege? Sobald Sie im Bilde sind, sollten Sie ein Dach planen, das Ihren individuellen Bedürfnissen entspricht. Ein einfaches Pultdach oder A-Rahmentragwerk ist nicht besonders schwierig zu bauen; die Fotos in diesem Buch inspirieren Sie vielleicht auch noch zu anderen Ideen. Leider habe ich aber kein Foto von einer meiner Lieblingsdachvarianten, nämlich einer Motorhaube auf vier Pfosten!

Ästhetik, Skulptur, Kunst

Die Tätigkeit, mit Lehm zu bauen, ist an sich eine bildhauerische Arbeit; man müsste sich fast bemühen, um einen hässlichen Ofen zu bauen. Was Sie und alle anderen Bildhauer machen, ist die Umgestaltung eines Raumes und eine Neudefinition der Beziehungen des Ortes, an dem Sie leben, zu dem, was Sie tun. In jenem Moment, wo Sie einen Stein irgendwohin bewegen, haben Sie bereits den Raum verändert. Je aufmerksamer Sie für Vorgänge wie diese werden, desto mehr Schönheit entdecken Sie.

Lehm ist herrlich und bequem zu bearbeiten. Die Öffnungen des Ofens weisen auf allerlei reale und mythische Gebilde. Verleihen Sie Ihrem Ofen Ihre eigene künstlerische Prägung!

Bauerde: Erdboden, Mauerwerk & Ton

Erde ist das meist verwendete Baumaterial auf dem Planeten. Sei es Bequemlichkeit, Schönheit, Benutzerfreundlichkeit, Ökologie oder Ökonomie: Erde ist fast allen anderen Baumaterialien überlegen; in der Tat sollen noch ein Drittel bis die Hälfte der Menschheit in Gebäuden leben, die teilweise oder komplett aus Erde gebaut wurden.

Die ersten Maurer arbeiteten mit Erde und das englische Wort „masonry" (Mauerwerk oder Maurerarbeit) ist dem englischen Wort für machen („to make") verwandt. (Mein Vater sagte einmal, *Homo sapiens*, also „Der weise Mensch", sollte eigentlich *Homo faber* – der schaffende Mensch – genannt werden.) Auf jeden Fall ist Ton das, was gute Bauerde ausmacht

Zum Glück ist so viel Ton auf der Welt, dass die Erde mit ihren Tonreserven umhüllt sein könnte. Diese „Tonhaut" wäre mehr als einen Kilometer tief! Daher der englische Ausdruck „common as clay" (gewöhnlich wie Ton) – an sich ein Widerspruch, da Ton doch ein außergewöhnlicher Stoff ist. Naturwissenschaftler behaupten, Ton könnte der primäre Bestandteil der „Ursuppe" sein, von der alle Lebewesen schließlich stammen, da die kristalline Struktur von Ton dem genetischen Codes der DNA ähnlich ist. Nur zwei von allen irdischen Phänomenen benötigen Wasser für ihre Existenz: Ton und Lebewesen. Die Bibel sagt uns, dass sogar wir quasi aus Erde sind; „Adam" ist Hebräisch und bedeutet auf Deutsch „rote Erde".

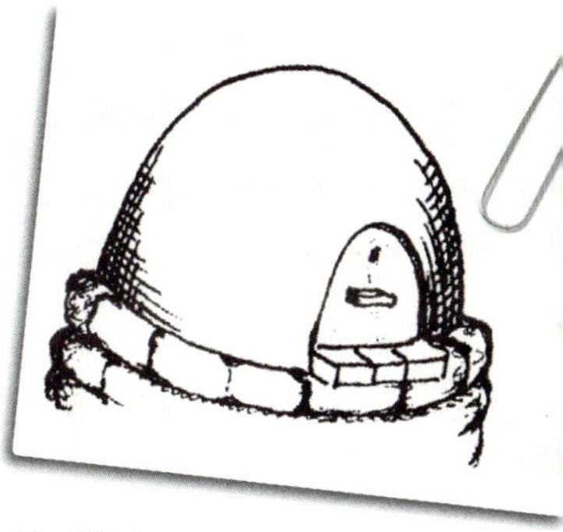

Das was Ton von sonstiger Erde unterscheidet, ist sowohl die Partikelgröße als auch molekulare und chemische Eigenschaften. Die Partikelgröße macht doch viel aus: ein großes Sandkorn sinkt durch 10 cm Wasser in einer Sekunde; ein Körnchen Schluff braucht für die gleiche Strecke fünf Minuten; ein einziges, feines Tonkorn kann aber bis zu 860 Jahre brauchen! Ton ist nicht nur wegen seiner Partikelgröße, sondern auch wegen seiner Form so langsam; Tonpartikel sind nämlich dünn und flach. Ein einziges Gramm Ton kann sogar eine Gesamtoberfläche haben, die größer als ein Fußballfeld ist! Diese Flachheit hilft dem Ton, modellierfähig zu sein – flache Oberflächen machen das Ganze sehr klebrig, so wie zwei nasse Blätter Papier. Tonpartikel sind überdies elektrisch geladen, das heißt sie haben eine hohe Kapazität, andere Moleküle anzuziehen und sie an sich zu binden (Wasser inklusive).

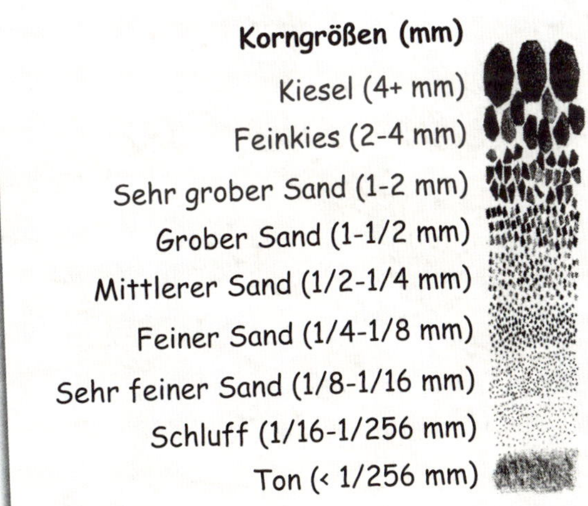

Das oben stehende Diagramm wurde übernommen von Raymond Siever, *Scientific American Library*, 1988, Sand, S. 49

Gute Bauerde (Lehm) finden

Der Boden ist in Schichten aufgeteilt: Der Oberboden ist eine Mischung aus organischen (sich zersetzenden Pflanzen) und anorganischen (Gestein, Sand, Schluff, Ton) Substanzen. Besonders wenn er voller Würmer, Kompost, Humus und viel organischer Substanzen ist, ist der Oberboden bestens für Ihren Garten geeignet. Gleich darunter ist jedoch der Unterboden, der alles, von purem Sand und Gestein bis zu purem Ton, den Sie zum Töpfern benutzen könnten, enthalten kann.

Ein Unterboden, der für unsere Zwecke interessant ist, enthält so viel Ton, dass er hart und stark bei trockenem und klebrig in nassem Zustand ist. Trocken sollte er sich etwas nach Beton anfühlen, also solide, ziemlich kompakt und widerstandsfähig.

Fettig oder mehlig? Man lernt sehr viel durch das bloße Spucken auf eine Prise Erde in der Hand. Prüfen Sie, wie diese sich danach anfühlt. (Foto: Michael Smith) ▲

Eigenschaften von Bauerde

Erde, die zum Bau eines Lehmbackofens geeignet ist, ist etwas schwieriger auszugraben und zerbröckelt nur schwer. Eine Schaufel

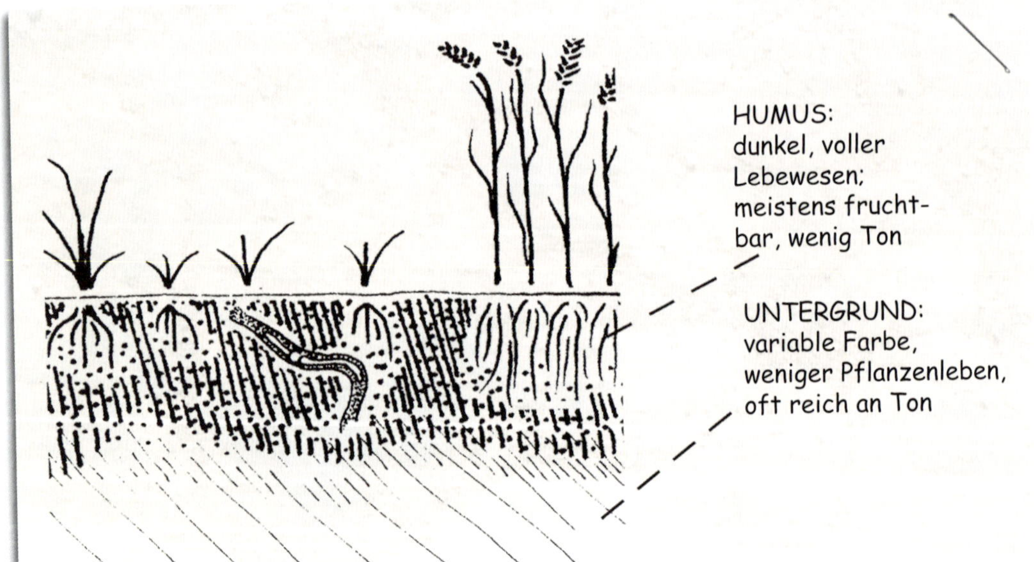

lässt eine glänzende Spur zurück. Zerbröckeln tut sie im trockenen Zustand nicht leicht. Nass klebt sie an Stiefel und Reifen und lässt nicht los! Sie wird sich rutschig und schleimig anfühlen, egal ob nass oder trocken (flache Tonpartikeln rutschen ganz reibungslos, statt zu rollen und zu reiben).

Nun wäre es auch leicht, einen feinen Schluff mit einer guten tonhaltigen Bauerde zu verwechseln. Oft kann Schluff jedoch auch klebrig genug sein, um einen Ofen zu bauen. Zum Glück gibt es ein paar Tests, mit denen Sie überprüfen können, wie sich die Erde verhält. Damit können Sie selbst beurteilen, ob sie zum Bauen geeignet ist oder nicht. Ein alter englischer Lehmbauarbeiter sagte in diesem Zusammenhang einmal: „Ich bin niemals einem Unterboden begegnet, mit dem ich nichts anfangen konnte." Und so geht man vor:

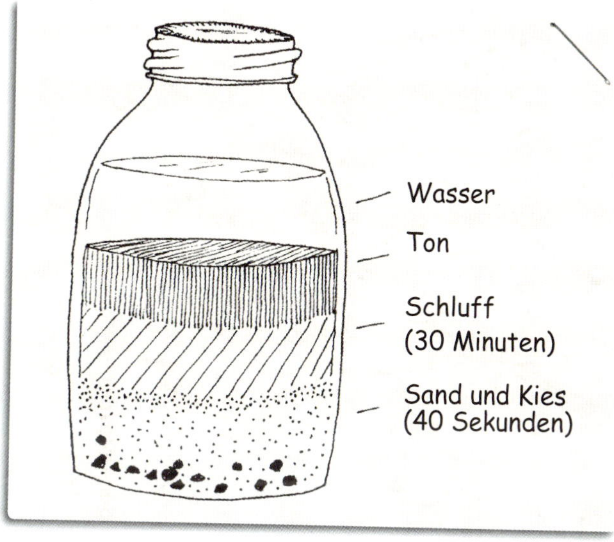

Verbesserung des Tongehaltes eines „mageren" Bodens
Lassen Sie den Boden trocknen, pulverisieren Sie ihn so gut wie möglich, sieben Sie alle Steine heraus und weichen Sie den Rest in Wasser ein. Durcheinandermischen, um die Lehmmischung aufzulösen. Die groben Anteile etwa 10 bis 40 Minuten setzenlassen. (Je länger es dauert, desto höher ist der Tonanteil.) Das Wasser, das noch trüb vom Ton sein sollte, in einen anderen Eimer gießen; erneut setzenlassen. Das Wasser, sobald es klar wird, abgießen, den Ton trocknen lassen und ausprobieren. ▲

Der einfache „Schütteltest"

Dieser Test ist zwar nicht unbedingt notwendig, aber er stellt ein gutes Experiment dar (und ist sogar ein Standardhilfsmittel für Bauleiter und Bodenforscher). Man kann auch viel von ihm erfahren.

Das Wesentliche bei einem „Schüttel-Test" ist das Timing. Im Wasser setzen sich Partikel nach Gewicht ab: zuerst Kies und Sand, danach Schluff, zum Schluss Ton (auch wenn die verschiedenen Schichten sich ganz deutlich abgrenzen, muss man die Reihenfolge kennen, damit man weiß, was man hat!).

Also: Die Erde zerpulvern; wenn sie nass ist, so zerdrücken, dass es keine Klumpen gibt. Klumpen sinken sofort nach unten, was den falschen Eindruck erwecken kann, dass vielleicht sogar gute Erde zum Wegschmeißen ist.

Ein Glas halb bis zwei Drittel voll mit Erde und den Rest mit Wasser füllen. Danach das Glas gut und kräftig schütteln. Idealerweise befinden sich darin etwas Kies und Sand, die innerhalb einer Minute zum Boden absinken. Während der nächsten 30 Minuten setzt sich der meiste Schluff ab und das, was noch im Wasser schwimmt und es trüb macht, ist der Ton. Sollte sich alles nach 30 Minuten aus dem Wasser absetzen und das Wasser schon wieder klar sein, können Sie sich sicher sein, dass diese Erde *keinen* Ton enthält.

Es kann manchmal schwierig sein, zu beurteilen, was wirklich abgesetzt ist und was noch am Herumschwimmen ist. Kippen Sie das Glas sanft hin und her. Was bei diesem Kippen noch schlappt, hat sich noch nicht fertig abgesetzt.

Es gibt eine große Skala der Bearbeitbarkeit: Manche Materialproben setzen sich in kaum mehr als einer halben Stunde ab und enthalten eine große Menge an schluffigem Ton. Andere Proben erhalten überwiegend Feinkies und feinen Sand und eine ganz dünne Schicht feinen Tons – der aber oft knapp ausreicht, um alles zusammenzubinden. Manche Tests ergeben puren Ton, der zum Töpfern genommen werden könnte.

Verzweifeln Sie bitte nicht, wenn Ihre Erde diesen Test nicht zu „bestehen" scheint. Die abgesetzten Schichten können leicht falsch interpretiert werden; was Ihnen wie Schluff vorkommt, verhält sich oft wie Ton. Unbedingt die Erde nicht nur testen, sondern auch ausprobieren.

Der schnelle und praktische „Schlangen"-Test

Die Erde mit Wasser in den Händen mischen, bis sie zu einem von Klumpen freien, bearbeitbaren Batzen wird, der ungefähr so groß wie ein Golfball ist (eher nass als trocken). Den Batzen jetzt ausrollen, sodass er zu einer Schlange wird. Sollten Sie eine Schlange von fünf oder mehr Zentimetern schaffen, dann drehen Sie Ihre Hand um, sodass sie flach ist. Wenn Ton dabei ist, biegt die Schlange ohne zu brechen. Je länger Sie eine Schlange machen können und je biegsamer sie ist, ohne zu brechen, desto höher ist der Tonanteil. Sie sollten zumindest eine Schlange machen können, die fünf dreh- und biegbare Zentimeter in der Länge hat, bei einem Durchmesser von einem Zentimeter. Maximal kommen Schlangenlängen zustande, die lang genug sind, um mehrmals Ihren Finger zu umwickeln.

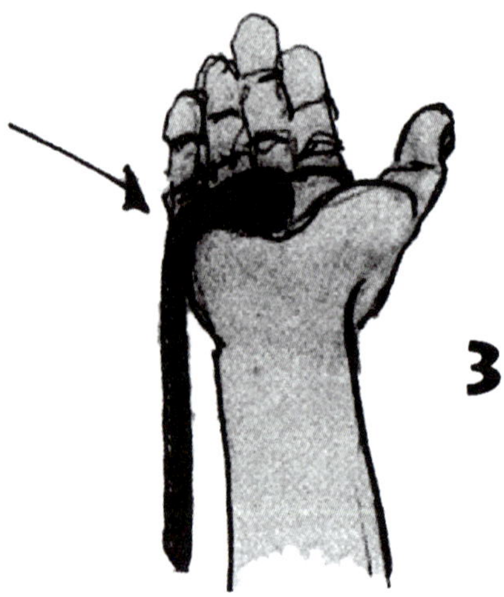

Schlangen evaluieren: Schauen Sie dorthin, wo sich die Schlange biegt (beim Pfeil): Je geringer die Rissbildung, desto höher der Tonanteil (unter der Voraussetzung, dass alle Proben den gleichen Feuchtigkeitsanteil haben). Die dritte Schlange ist reich an Ton; die zweite ist wahrscheinlich brauchbar; bei der ersten würde ich Probeziegel herstellen und schauen, wie diese beschaffen sind ...

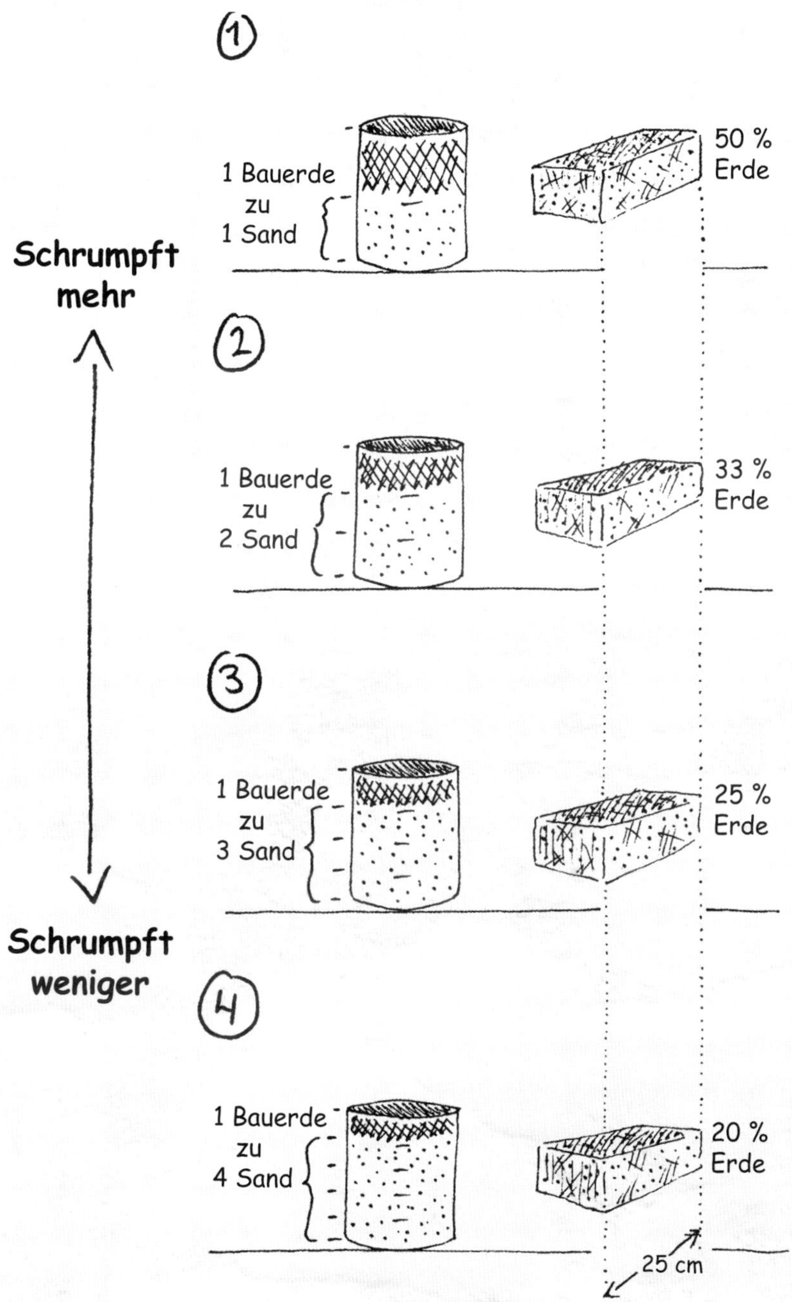

Probeziegel: Stellen Sie Ziegel aus verschiedenen Anteilen von Sand und Bauerde her. Trocknen lassen und überprüfen, wie stabil diese unter Druck sind. Mit reiner Bauerde anfangen, dann einen Ziegel mit einem Teil Sand zu einem Teil Bauerde, danach zwei Teile Sand; 1 Teil Bauerde, 3 Teile Sand; 1 Teil Bauerde, 4 Teile Sand; 1 Teil Bauerde usw. Jeder Ziegel sollte gleich groß und gut verdichtet sein – per Hand in einem Plastikcontainer, einer Brotform oder einem Holzrahmen; kein Stroh (das Risse hemmt und die Festigkeit verbessert) und nicht zu nass; 2–3 cm stark und lang genug, um zwei Markierungen mit 25 cm Abstand machen zu können. Trocknen lassen.

Wenn sie trocken sind, den Abstand zwischen den Markierungen nochmals abmessen. Um wie viel sind sie geschrumpft? Multipliziere die Differenz mit 10, um auf die Prozentzahl zu kommen (z. B., wenn der Ziegel 0,25 cm geschrumpft ist: 0,25 x 10 = 2,5 %). Wenn diese um mehr als zwei bis drei Prozent schrumpfen, ist wahrscheinlich mehr Sand notwendig. Überprüfen Sie die Festigkeit: Wie leicht lassen sie sich kratzen? Können sie mit dem Fingernagel geritzt werden oder benötigen Sie ein Stück Holz oder einen Nagel?

Der einfache Quetschtest

Quetschen Sie die Ecke eines selbst hergestellten Lehmziegels zwischen Ihren Fingern. Zerbröckelt oder zerpulvert er? Oder ist er hart wie ein Stein? (Hier ist der Trick, zusammenpressenden Druck zu geben, ohne zu biegen. Auch der stärkste Beton hält nur wenig Biegen aus, weshalb es Bewehrungsstäbe gibt und weshalb Gebäude aus Lehm auch Stroh mit eingemischt haben.) Sie könnten auch probieren, auf ein Gebrauchsmuster zu treten oder es mit etwas Härterem zu schlagen. Ein typischer Feldtest für Adobe-Ziegel erfolgt, indem man auf einem Ziegel steht, der nur an beiden Enden unterstützt wird – wenn er nicht bricht, ist er gut! Baumeister setzen zwar präzisere Maschinen und rigorosere Methoden ein, um die Stärke ihrer Baumaterialien zu messen, aber solche einfachen Tests erfüllen den gleichen Zweck und spiegeln Generationen gelebter Erfahrungen wider.

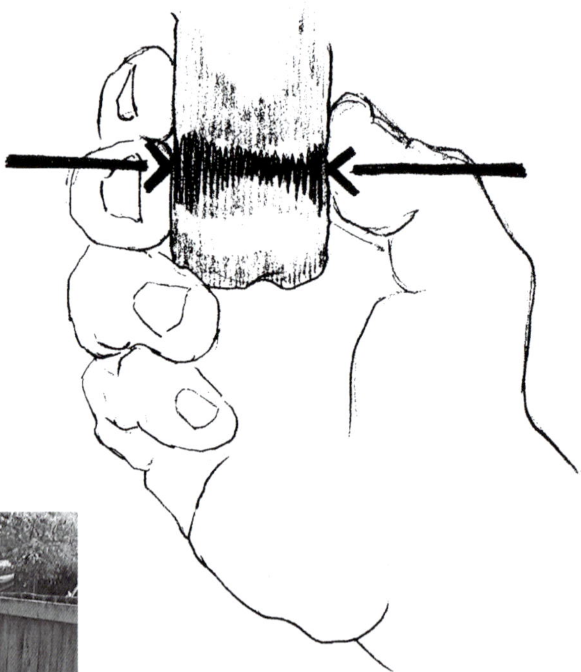

Dies ist eine „Druckprüfung“ und kein Biegsamkeitstest. ▲

Die Planentechnik: Lehm wird auf einer Plane gemischt. Um das Material zu wenden, stellt man sich in die Mitte der Plane, fasst einen Rand und zieht die Plane heran, während man rückwärtsgeht. Den Lehm dabei nicht auf den Boden rollen! Die Plane wieder flach auf den Boden legen, danach: Stampfen und wenden, stampfen und wenden. ◄

Materialien und Werkzeuge

Das Beste aus Ihren Materialien herauszuholen heißt, mit ihnen zu arbeiten und Grenzen zu akzeptieren, anstatt sie gegen ihre eigene Natur zu bezwingen. Das ist ein Grundprinzip, das für Lehm genauso wie für Menschen gilt. Und es gibt eine Schlussfolgerung: Dort, wo man eine Beziehung findet, findet man auch Schönheit. Aber man beginnt, wo man gerade ist, weshalb ich vorschlage, mit dem, was Sie haben, zurechtzukommen – nicht nur weil es besser als Einkaufen ist, sondern auch, weil Sie viel mehr lernen werden, wenn Sie sich damit auseinandergesetzt haben, wo zu graben ist und welche Mülltonnen zu plündern sind. Die Mehrheit der industrialisierten Welt ist von einer Konsumentenkultur geprägt, doch verkörpern Leute, die anders leben wollen, eine wachsende Minderheit! Die Realität ist, dass der Konsum uns nicht erhält und es auch nicht könnte. Alles kommt von der Erde und geht an sie zurück. Das Plündern von Mülltonnen erinnert uns daran, dass es nichts gibt, was „Abfall“ ist, sondern nur Geschenke, die wir nicht wertzuschätzen wissen.

Wann ergibt 2+2=3 (oder noch weniger)?

Zwei Eimer Bauerde + zwei Eimer Sand ergeben ein Gemisch von nur zwei oder drei Eimern. Wie kommt das zustande? Die Bauerde füllt die Hohlräume zwischen den Sandkörnern auf und stellt ein Bindemittel dar – im Vergleich ist das so, als wenn Sie Wasser in einen Eimer Murmeln gießen würden. Berücksichtigen Sie dies, wenn Sie die Materialmengen abschätzen.

Falls Sie das Gefühl haben, Materialien oder Werkzeuge kaufen zu müssen, um „Zeit zu sparen“, warum das Projekt dann nicht ein wenig verschieben? Es gibt doch mehr im Leben, als dessen Geschwindigkeit zu beschleunigen! Machen Sie doch den Versuch, an einem Tag einen einschichtigen Ofen auf Sägeböcken zu bauen. Er könnte Ihr Übungsofen sein, so temporär oder permanent, wie Sie möchten. Nehmen Sie sich die Zeit, die Sie im Vergleich zum Bau eines komplizierteren Ofens gewinnen, um die lokalen Ressourcen kennen zu lernen. Probieren Sie andere Arbeitstechniken aus und halten Sie Ausschau nach Materialien von Baustellen, Müllhalden oder sonstigen unbebauten Grundstücken. Kaufen Sie gutes Brot ein und fragen Sie die Bäcker nach ihren Öfen (sprechen Sie in diesem Zusammenhang ruhig von Ihren Holzofenplänen). Sobald Sie Klarheit haben, wie und wo Sie einen beständigeren Ofen bauen wollen, werden Sie nicht nur wissen, wo genau Sie die notwendigen Materialien herbekommen, sondern Sie werden bis dahin auch Ihr Wissen über das Brotbacken perfektioniert haben!

Mengenangaben

Die tatsächlichen Mengen, die Sie für Ihren eigenen Ofen brauchen werden, variieren je nach Ihrem persönlichem Design, Lage, Materialien und Ofenlehmmischung (für weitere Variationen, siehe S. 125 ff. und S. 137 ff.). Ich persönlich sammle grundsätzlich mehr an, als ich brauche, und zwar lieber ein wenig zu viel. Andernfalls könnten Sie Gefahr laufen, mitten im Projekt pausieren zu müssen, um auf die Suche nach mehr Material gehen zu müssen. Das Diagramm unten gibt *annähernd* die Mengen der Materialien an, die für drei verschiedene Baugrößen benötigt werden (ein Vielfaches eines 24 cm x 11,5 cm x 7,1 cm-Normalbacksteines [Schamotte]): 60 cm, 72 cm, 96 cm. Angenommen werden eine 10 cm wärmespeichernde Schicht, 10 cm Isolierschicht, 10 cm Wärmespeicher unter der Backfläche sowie eine 25 cm hohe Tür.

Gewicht, Raumbereich & wie man einen 2-Tonnen-Ofen hebt

Falls Sie das ganze Reden von Sand und Eimern schon müde macht, denken Sie daran, dass Sie sich auch einen kleinen Ofen bauen können. Sonst passen Sie die Lasten, die Sie heben, an Ihre

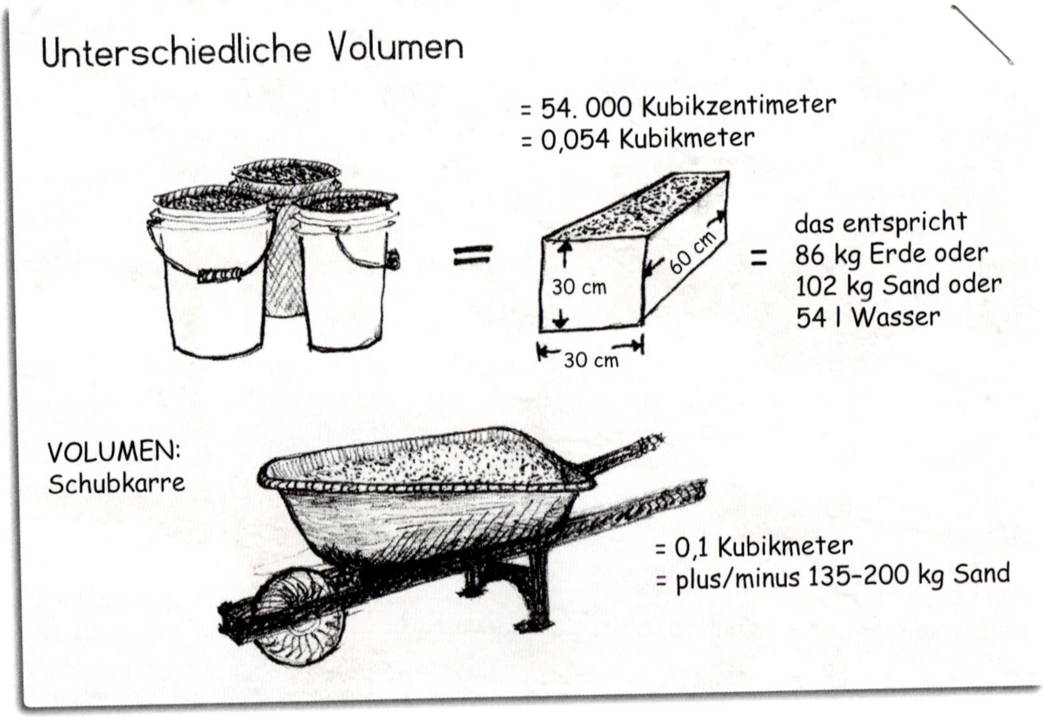

Tabelle der benötigten Ofenmaterialien (Einheiten: 20-Liter-Eimer)

Ofengröße	Sand für die Form	Ofenlehm	Isolierung (gemischt)	Schamotte für die Backfläche *	Schamotte für den Türbogen **
60 cm	4	8	8	13 + 3	10 + 2
72 cm	6	12	10	18 + 3	12 + 2
96 cm	11	17	13	32 + 4	12 + 2

Isolierung: Weil diese verdichtet wird, kommt noch einmal die Hälfte an losem Material dazu.
* Zusätzliche Ziegeln für den Bereich der Ofenöffnung (siehe auch Diagramm, S. 54)
** Die zwei zusätzlichen Ziegel unterstützen den Bogen (siehe S. 55, 61)

persönliche Leistungsfähigkeit an. Verwenden Sie ein Maß, mit dem Sie gut zurechtkommen. Sand, Erde und Kies variieren in Gewicht, so wie Eimer und Schubkarren; wenn es Ihnen etwas zu schwer ist, machen Sie die Ladung doch einfach kleiner! Als ich mein 50 Tonnen schweres Haus gebaut habe, sagte ich Leuten, dass ich das Haus ganz einfach anheben könnte, und zwar mit einer vollen Schaufel nach der anderen! Später lernte ich eine 72-jährige Frau kennen, die ihr eigenes Lehmhaus gebaut hatte. „Wenn ich müde wurde“, sagte sie, „hörte ich einfach auf.“ Sie war zwei Jahre mit dem Bau ihres Hauses beschäftigt.

Ein aufklappbares Dach: Hier ist ein intelligent gebautes, leichtgewichtiges Dach mit Scharnieren zu sehen, das bei gutem Wetter aufgeklappt werden kann. (Ofen und Foto: Bill Shores) ▲

Material für den Lehmofenbau

Wasser

Benötigt werden ein angeschlossener Schlauch oder eine 200-Liter-Tonne voller Wasser zum Auffüllen der einzelnen Eimer.

Fundamentsteine oder „Urbanit“

Eine 120 cm breite Basis, 90 cm hoch und 30 cm breit, benötigt *schätzungsweise* einen Kubikmeter oder mehr Gestein oder Urbanit (Baubruchbeton). Dies aufzufüllen benötigt noch einmal einen Kubikmeter Material (Kies, Gestein). Sollte Ihnen das alles zu viel sein, dann verringern Sie entweder die Höhe des Fundaments oder Sie schauen sich nach einem anderen Unterbau um (siehe S. 54).

Was ist Urbanit (Betonbruch)?

Halten Sie Ausschau nach abgebrochenen Beton- oder Baubruch auf städtischen Sammelstellen. Bei Abrissunternehmen oder Bauunternehmern nachfragen. Urbanit ist preiswert, leicht zu stapeln, solide und daher bestens geeignet für einen Unterbau, für einen Ofen oder für ein Haus. Ich hörte von Urbanit erst durch David Eisenberg, dessen Development Center for Appropriate Technology (dcat.net) sich engagiert, die Baunormen international nachhaltiger zu machen.

Bauerde

Die meisten Ofenbauer werden geeignetes Material unter den Füßen finden. Im Zweifelsfall verweise ich auf die Seiten 35–40. Wenn Ihre Erde nicht verwendbar ist, suchen Sie alte Brüche oder Tongruben, Ufer, Teiche, Straßenbauaushub oder Baustellen auf. Möglicherweise kann auch der Nachbar einen Tipp geben. Ein gewisses Maß an Vorsicht ist aber unabdingbar. Bauland-Geländeaufschüttungen oder ein Abladeplatz könnten voller Glasscherben oder gefährlicher Bruchstücke sein. Je nachdem, wo Sie graben, müssten Sie eventuell um Erlaubnis bitten. (Nicht vergessen: Der Sand- oder Tongehalt Ihrer Erde bestimmt zum Teil, wie viel Bauerde und Sand Sie brauchen!)

Es gibt Gegenden, in denen toniger Unterboden entweder selten vorkommt oder schwierig zu ernten ist. Hier wären Küstenregionen, Städte, wo das Graben überhaupt schwierig ist, oder Gegenden, wo der Boden häufig vulkanischer Natur ist, zu nennen. Wenn dies an Ihrem Wohnort der Fall sein sollte, schauen Sie ein wenig hinaus in die Ferne und/oder halten Sie Ausschau nach nassen Stellen, Teichen usw. (wo Ton das Einsickern von Wasser verhindert). Überdies bleibt die Möglichkeit, direkt einen Geologen aufzusuchen (auf der Uni oder in der öffentlichen Verwaltung), der Ihnen weiterhilft.

Falls Sie überhaupt keine geeignete Erde finden, besteht noch die Möglichkeit, „Abfallton" von einem lokalen Töpfer oder von einer Schule oder Uni mit einer Keramikwerkstatt zu bekommen. (Möglicherweise werden Sie den Ton einweichen, trocknen und bearbeiten müssen – oder alles drei –, aber das Ganze dürfte preiswert oder sogar umsonst sein. Achten Sie darauf, dass Töpferton extrem rein ist. Wenn Sie also nur wenig bekommen, kann es zu einer sonst untauglichen Erde dazu gemischt werden, um sie verwendbar zu machen.)

Zur Not können Sie puren Feuerfestton in pulverisierter Form vom Bauhändler kaufen. Wo ich zuhause bin, bezahlt man 10 Dollar für einen 20 kg-Sack (das sind umgerechnet zirka 7,60–7,70 Euro).

Sand

Die Sandkörner sollten „kantig" sein und nicht glatt oder rund. Die Körnungsgröße von

Kieselsteinen reicht von einer Körnungsgröße von ca. 6 mm bis hin zu einem feinen Pulver. Sand, der in Baumärkten als Betonzuschlag verkauft wird, genügt in der Regel vollkommen. Gleichförmig abgestufter Sand oder Strandsand sind meistens eher schlechtes Baumaterial, nicht nur weil die Sandkörner glatt und rund sind, sondern auch weil die Partikelgröße homogen ist. Ohne Größenunterschiede bei der Partikelgröße der Sandkörner wird der daraus gemachte Lehm nie zu einer soliden Masse werden können, da die einzelnen Sandkörner sich wie Murmeln verhalten und auseinanderrollen, anstatt gegenseitig einzurasten.

Falls Sie keinen Zugang zu einem Fluss oder Bach mit einer Kies- oder Sandbank haben, suchen Sie eine Schottergrube oder ein Brech- oder Betonwerk auf. Besonders wenn Sie bereit sind, den Sand selbst in Eimer oder starke Säcke zu schaufeln, können Sie ihn dort manchmal sogar zum Nulltarif bekommen. Ich habe 5 bis 25 Dollar (ca. 3,50–18 Euro) für eine Ladung Sand gezahlt; meistens aber verzichtet der Betreiber meiner lokalen Schottergrube auf meine 5-Dollar-Note, wenn er den riesigen Frontlader wegen meines kleinen Abhubs herbeiruft. Wenn Sie weiteren Bedarf an Sand haben, wäre ein ganzer Lastwagen interessant, der Ihnen den Sand preiswert anliefert.

Man findet beim Baumarkt möglicherweise nur einen feinen „Maurer"-Sand, der zwar funktioniert, aber teuer und feiner ist, als man ihn wirklich braucht. In der Stadt kann es sein, dass Sie Sand nur in Säcken bekommen; eine oft preiswertere Variante sind Sandsäcke, die als Gewicht für Autos im Winter gedacht sind.

Eine Kiesgrube ist nichts anderes als ein ausgetrocknetes Flussbett. Es kann sein, dass Sie in der Nähe einer alten Sandbank leben, wo Sie den Sand einfach so nehmen können. Manchmal ist es möglich, in einem verlassenen Steinbruch oder in einer verlassenen Kiesgrube zu graben, die zwar nicht mehr ausgebeutet wird, wo aber für Ihre Zwecke noch genug Material vorhanden ist. (Dies bitte zuerst mit dem Besitzer bzw. den Behörden klären!)

Steinbrüche, die in Betrieb sind, haben oft unterschiedliche Neben- und Abfallprodukte, die billig oder gratis sind, zum Beispiel das sogenannte Feinmaterial (Material, das zu fein ist, um es als Kies zu verwenden) oder die

Lehmofenbau in der Stadt: Dieser Ofen in Seattle wurde aus Sand aus Sandsäcken gebaut; der Unterbau ist aus Urbanit. (Ofen und Foto: Brooks Stanfield) ▲

„Waschberge" (bei der Steinkohlengewinnung anfallendes Nebengestein [Erde und Kies], das als Abraum von der Grube weggebracht wird). Bitte darauf achten, dass derartiges Material, wegen eines möglichen Inhalts von sehr scharfem Kies, meistens *nicht zum Mischen mit bloßen Füßen geeignet ist.*

Falls Sand knapp ist, können Sie andere Materialien für die Sandform hernehmen, wie zum Beispiel Strandsand oder Oberboden; alles, aus dem Sie einen kleinen Hügel machen können – vorausgesetzt, Sie bekommen es wieder aus dem Ofenmund heraus! Es gibt auch den „kanadischen Baustil", bei dem die Form aus geflochtenen Ästen gemacht wird, die zum Schluss ausgebrannt werden. Solche Öfen werden traditionell aus purem Ton gemacht, der mit Heu und/oder Stroh gemischt wird; eine einfache und anpassbare Technik.

Fester „Ofenlehm" oder „Wärmespeichermischung"

Die genauen Mischverhältnisse Ihrer Bauerde – entweder mit Sand gemischt oder pur – variieren je nach Eigenschaften der Materialien, man kann aber trotzdem von 1 Teil Erde zu 2–3 Teilen Sand ausgehen. Das genaue Verhältnis ist nicht das Wichtigste; es gilt vielmehr, überhaupt verwendbare Materialien zusammenzubekommen.

Isolierung

Isolierung kann aus jedem natürlichen holzigen Material gemacht werden, das sich gut mit einem Brei aus Ton mischen lässt. Es sollte etwas körnig und krümelig in seiner Konsistenz und auch relativ gleichartig sein, ohne zu viel Feinstoff oder zu viele Stücke, die größer als eine Fingerspitze sind.

Im Gegensatz zum Ofenlehm sollte die Isolierung lauter kleine Löcher und Poren haben. Suche zu diesem Zweck Folgendes aus: saubere (sprich: ungiftige), von der Motorsäge erzeugte Sägespäne, Hobelmaschinenspäne von einem Möbelschreiner, Abfall von einem Sägewerk usw. Wenn Sie nichts anderes bekommen, funktionieren auch sehr feine Sägespäne; sie sind aber wasserhaltiger und fordern mehr Behutsamkeit (mehr darüber später im Buch). Baumrindenspäne oder Rindenmulch funktionieren auch, so wie ein Ballen Bodenstreu für Hamster oder Zedernholzwolle, obwohl es bei Letzterem anfängt, teuer zu werden.

Mischen Sie eine Probe und fertigen Sie daraus einen Ball. Trocknen lassen. Ist dieser unnachgiebig, solide und hartnäckig? Probieren Sie, ihn zu verbrennen! Er sollte seine Form halten, auch wenn er weich ist.

Materialien zum Isolieren der Backflächenunterlage

Die preiswerteste und auch eleganteste Lösung, die ich zu diesem Zweck ausprobiert habe, sind Glasflaschen, die in einen „Mörtel" aus Sägespänen und Tonbrei gesetzt werden. Die Anzahl der Flaschen hängt davon ab, in welchem Muster sie ausgelegt werden und wie tief diese Schicht sein soll. Alles, von Bierflaschen bis zu 4-Liter-Krügen, geht, und je nach Flaschenform und -größe sowie Design können sie liegend, aufrecht oder kopfstehend eingebaut werden.

Bims und Perlit sind Mineraldämmstoffe, die aus Obsidian und Glas sind, die bei hohen Temperaturen expandieren oder „aufgeblasen" werden – ähnlich wie Puffreis oder Popcorn. Sie sind leichtgewichtig, feuerfest und stark genug, eine Last zu tragen. Siehe hierzu auch Bildfolge im Anhang: S. 150–155. (Glasfaserstoff ist vergleichsweise zu weich, um Gewicht zu unterstützen oder einer Kompaktion zu widerstehen – ganz zu schweigen davon, dass dieses Material grauslich ist, wenn es mit den Händen bearbeitet werden soll.) Kompaktion meint einen Prozess der Verdichtung und des Verlustes von Porenwasser und -volumen, verbunden mit Dichtezunahme und Volumenabnahme (Abnahme der Mächtigkeit) in Böden und Sedimenten.

Bims entsteht, wenn Vulkane Lava in eine kältere Atmosphäre katapultieren. Perlit ist ein industrielles Äquivalent, das in einem Brennofen produziert wird. Beide lassen sich mit Ton zu einem guten Material vermischen. Sie finden sie wahrscheinlich am preiswertesten im Bau- oder Gartenhandel. Perlit, der speziell als Isolierung produziert wird, wird extra behandelt, um seine Wasseraufnahmefähigkeit zu verringern, was die Trocknungszeit reduziert. Deshalb ist Perlit aus dem Baumarkt für unseren Zweck besser. Gartenmärkte und Baumschulen, die ihre eigene Topferde herstellen, können auch eine mögliche Quelle sein. Vermiculit ist dem Perlit ähnlich, ist aber etwas weicher und ein wenig schwieriger zu verarbeiten.

ACHTUNG

Bei diesen Arbeitsschritten entsteht reichlich Staub, der nicht eingeatmet werden sollte. Tragen Sie also unbedingt eine Staubschutzmaske!

Egal was Sie zum Isolieren nehmen, es ist vorteilhaft, die Isolierschicht trocknen zu lassen, bevor Sie damit anfangen, darauf zu bauen. Diese matschige, feuchte Schicht gerät nämlich in Bewegung, wenn sie einem Gewicht ausgesetzt wird. (Diesem Rat folge ich aber auch nicht immer, besonders wenn es darum geht, einen ganzen Ofen in einem Tag fertig zu bringen ...)

Stroh

Stroh wird dazu verwendet, Lehmmischungen herzustellen, die für bildhauerische oder lasttragende Zwecke geeignet sind. Stroh kann auch als Isolierung dienen, wenn in Ihrem Fall keine Sägespäne auffindbar sind. Ein Strohballen (oft um 5 Euro, wenn nicht noch billiger) dürfte reichen. Nass gewordene Ballen können auch für unseren Verwendungszweck genommen werden, ebenso loses Stroh, das Sie vielleicht gegen Selbsteinsammeln und Abholung gratis bekommen (loses Stroh ist sehr luftig, also möglichst viel sammeln; Überreste können als Mulch benutzt werden).

Backfläche

Schamottesteine werden in verschiedenen Größen hergestellt. In diesem Text geht es immer um diejenigen Steine mit den Ausmaßen 24 cm x 12 cm; es können aber auch andere Ausmaße sowie normale rote Ziegel verschiedener Größen verwendet werden. Schamottesteine sind in den meisten Baumärkten zu bekommen. Das Besondere an ihnen ist: sie sind gelb, dicht und schwer und sie ziehen Wärme an und speichern sie. Sollten Sie welche finden, die eher leicht und weich sind, sind dies wahrscheinlich isolierende Ziegel, die grobporig sind und sehr wenig Wärme speichern. Die können Sie liegen lassen.

Rote Standard-Ziegel gibt es in verschiedenen Größen und Qualitäten, doch sind nur einige für eine ausgezeichnete Backfläche geeignet. Im Allgemeinen gilt: Je weicher und poröser der Ziegel, desto besser deren Temperaturschock-Beständigkeit. Neuere Ziegel (dekorative Verblendziegel oder Pflasterziegel) sind meistens härter und spröder und nehmen bei wiederholten Feuerungen schneller Schaden. Manche Stücke, die wie Ziegel aussehen, sind nicht einmal Tonwaren, sondern aus Beton, der in einem Ofen zerfällt. Ältere Ziegel (vor dem Zweiten Weltkrieg) sind meistens die verlässlichsten, besonders wenn sie sich ursprünglich in einem Kamin oder an einer Feuerstelle befanden.

Ich habe zwischen 1 bis 3 Dollar (ca. 0,75 bis 2,25 Euro) für neue Schamottesteine gezahlt, für gebrauchte etwa die Hälfte. Gebrauchte Ziegel sollten so glatt und flach wie möglich sein – und frei von altem Mörtel.

Andere Optionen gibt es auch: Terrakottaplatten haben oft eine gute Temperaturschock-Beständigkeit, sind finanziell erschwinglich und relativ leicht zu finden, neu oder gebraucht. Je dicker, desto besser.

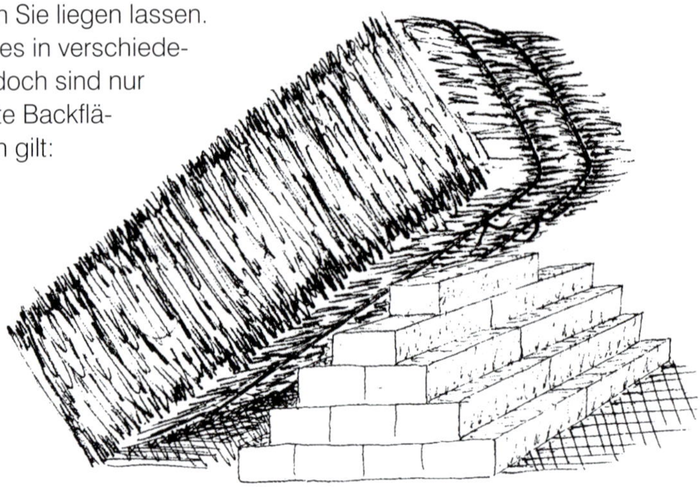

Sie sollten aber schauen, dass sie unglasiert sind. Ein alter Pizzabackstein oder ein altes Brennofenregal (natürlich frei von giftiger Glasur) gehen auch.

Gestein, Seifenstein möglicherweise ausgenommen, empfehle ich nicht als Backfläche. Seifenstein, der so viel Wärme speichert, dass Ihre Brotlaibe unten verbrennen, wird manchmal als wärmespeichernde Backflächenunterlage verwendet – oder für Öfen, in denen nur Pizza gebacken wird. Falls Sie Seifenstein verwenden (z. B. von einem alten Waschbecken), sollten Sie ihn hinreichend lang trocknen lassen und mit Vorsicht heizen, da geheizte eingefangene Feuchtigkeit einen explosionsgefährlichen Druck erzeugen kann, der Ihren Ofen nachhaltig schädigen kann und Sie zudem schwer verletzen könnte.

Zeitungspapier

Mit Zeitungspapier kann eine Zwischenschicht zwischen der Sandform und dem Ofenlehm hergestellt werden. Plastik ginge zwar auch,

Eine traditionelle irdene Backfläche

Aus Bauerde lassen sich Ziegel und Keramikplatten machen. Allerdings müssen sie gebrannt werden, um Probleme mit Schrumpfungen und Reißen auf ein Minimum zu halten. (Versuchen Sie es einmal mit dem primitiven Grubenofen oder mit dem Ofen, der auf Seite 132 beschrieben wird.) Alternativ können Sie Ihre Bauerde mit Sand mischen und an Ort und Stelle brennen (die Platten werden möglicherwiese weich sein; achten Sie darauf, dass kein Sand am Brot kleben bleibt). Ein Leser hat berichtet, auf Mallorca die Anwendung eines „alten Ofenbodenrezepts" aus Sumpfkalk, Holzaschen und Sand beobachtet zu haben, mit dem die Backfläche hergestellt wurde. Fangen Sie am besten so an: 1 Teil Sumpfkalk, 0,5 Teile Holzasche und 3 Teile Sand. Spielen Sie ein wenig mit der Zusammensetzung, je nach Bedarf (auf S. 86 f. mehr zum Thema Kalk). Manche traditionelle Öfen zum Backen von Fladenbrot, die in Nahost zu finden sind, haben einen Kieselboden als Backfläche, was möglicherweise das Kochen oder Backen beschleunigt. Die Abnehmer müssen Steinchen, die am Brot kleben, dann selbst entfernen.

Bereit für den Lehmofen: Sandform, mit Zeitungspapier abgedeckt ▲

Die Erde sieben: Ein solcher Rahmen mit Beinen, um den Rahmen in einem guten Winkel zu halten, macht das Sieben auch von großen Materialmengen leicht. Eine Plane hält alles sauber und ein steilerer Winkel hilft, den Sand feiner auszusieben. (Foto: Hannah Field) ▲

aber Zeitungspapier hat den Vorteil, dass es keine giftigen Reste hinterlässt, falls es dazu kommt, dass Reststücke ausgebrannt werden. Blätter sind zwar natürlicher, dafür aber eventuell schwieriger.

Türbogen (optional)

Ein Dutzend zusätzliche Schamotte, ein paar Holzreststücke und etwas Sperrholz werden gebraucht, um einen Ziegelbogen und dessen für den Bau benötigte Form zu erstellen.

Materialien für die Erstellung von Türen und Ofenwerkzeugen

Für die Erstellung von Türen und Ofenwerkzeugen werden folgende Materialien gebraucht:

- Holzreststücke, ca. 2–5 cm stark, um eine Ofentür zu machen, die ca. 25 cm hoch und 35 cm breit ist (Reststücke von 10 cm breiten Brettern funktionieren ganz gut und können mit dem Griff miteinander verbunden werden). Material für den Griff kommt auch dazu, sowie eine Sperrholzplatte, mindestens 1 cm größer als Ihre Tür, sowie Nägel oder Schrauben, je nach Bedarf.
- 15 cm Bretter (ca. 2,5 cm stark, ca. 1 m lang), um eine Backschaufel zu machen, um Brote und Pizzen ein- und auszuladen. Ein dünneres Brett an eine Holzfaserplatte oder Sperrholz befestigt, kann auch den gleichen Zweck erfüllen.

- Ein Ast oder ein Stecken (ca. 2,5 x 5 cm x 1 m), ein Tuch aus Naturfasern (Baumwolle usw.), ein Stück steifer Draht und ein Nagel machen einen Hudelwisch, mit dem die Backfläche sauber gehalten wird.
- Aus einer Gartenhacke oder einer gebogenen Stahlstange macht man eine Ofenkrücke, um größere Stücke, mithilfe einer Schaufel, aus dem Ofen zu entfernen.

Ofenbauwerkzeuge

- Schaufel
- Schubkarre
- 20-l-Eimer (oft gratis von Bäckereien und/oder Baustellen; 2–3 reichen meist)
- Maßband
- Planen: ca. 2 m x 3 m; mit einer größeren Plane wenden Sie leichter eine schwere Lehmmischung. Plastikfaserplanen, die manchmal stärker sind als die gewöhnlichen blauen Planen, sind „Müll" – daher finden sie sich oft in Containern. Dampfbremsfolienreste bekommt man manchmal auch von Baustellen.
- Löffel, Pfannenwender, stumpfe Messer usw.
- Holzreste
- Arbeitskleidung oder Kleidung, die schmutzig werden darf, sowie Stiefel, falls Sie ungern mit nackten Füßen arbeiten
- Einfache Holzwerkzeuge: Säge, Hammer, Bohrer, Nägel, Schrauben

optional

- Maschendraht (mit 5 mm bis 10 mm Löchern) auf einem Holzrahmen (60 cm x 60 cm oder größer) zum Sieben von Sand, Erde und Stroh
- Wasserwaage
- Machete, Holzhacke oder Motorsense und ein großer Mülleimer, zum Zerkleinern von Stroh
- Spritzflasche
- Bohrmaschine oder Akkuschrauber mit einer Bohrschnecke zur schnellen und einfachen Herstellung von Tonbrei (siehe Abb. S. 56)

Den Arbeitsplatz organisieren

Natürlich brauchen Sie hinreichend Platz, um die Baumaterialien auf einer Plane zu mischen. Sie sollten aber auch bedenken, dass das Material selbst einen Lagerplatz braucht, wie die Lage ist, wo es gemischt wird, wie die Fertigmischung zur Ofenstelle kommt und wie viel Platz Sie für Helfer, Werkzeuge usw. brauchen werden. Eine unübersichtliche Baustelle macht im Endeffekt oft mehr Arbeit als eine, bei der die Materialien weiter weg sind. Also zahlt es sich aus, sich Zeit zu nehmen, um den Arbeitsraum effektiv zu gestalten.

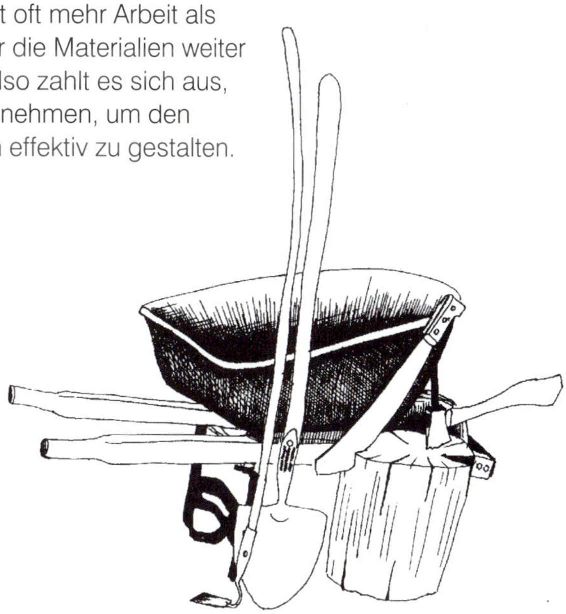

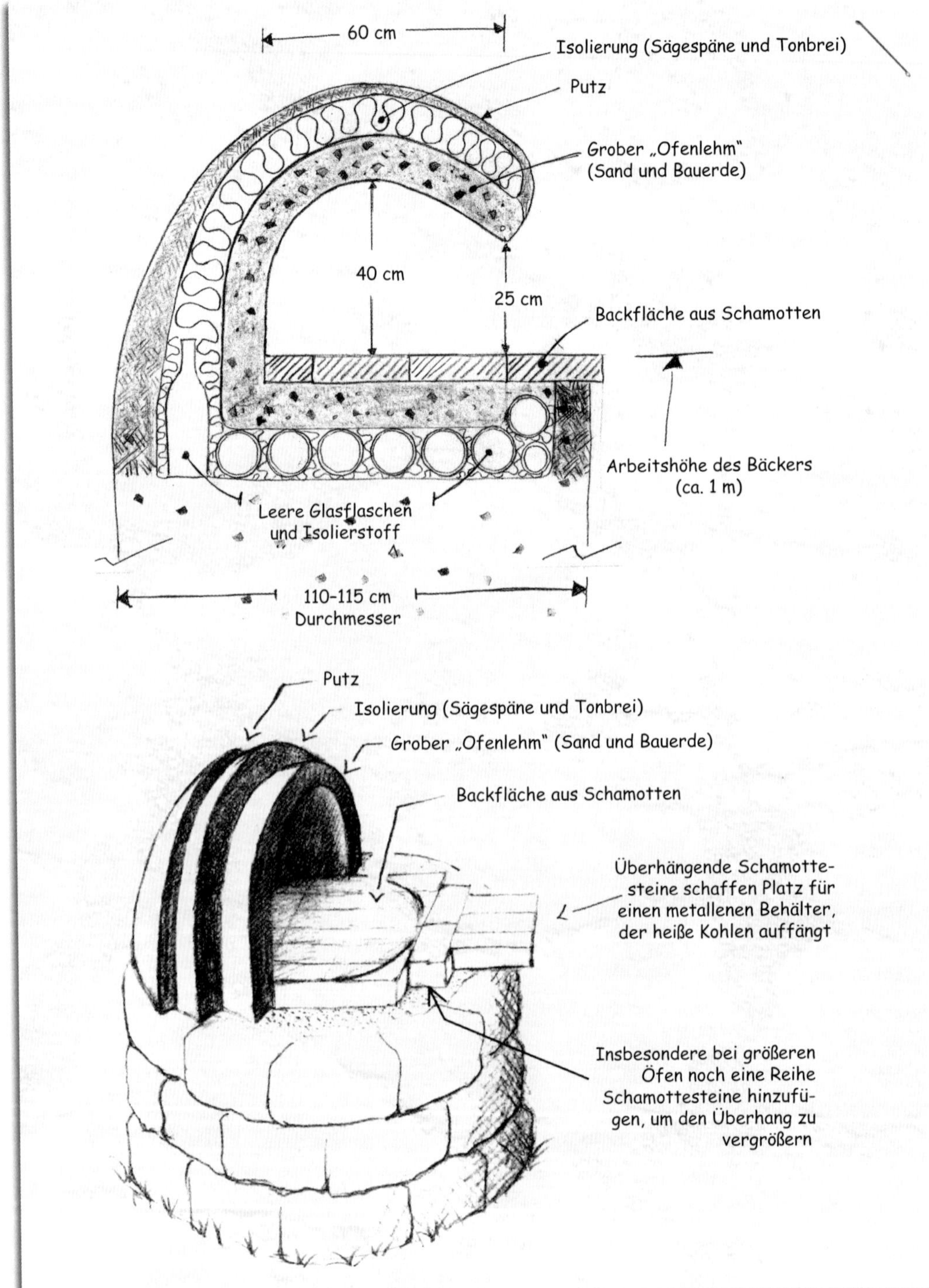
60 cm
Isolierung (Sägespäne und Tonbrei)
Putz
Grober „Ofenlehm"
(Sand und Bauerde)
40 cm
25 cm
Backfläche aus Schamotten
Arbeitshöhe des Bäckers
(ca. 1 m)
Leere Glasflaschen
und Isolierstoff
110–115 cm
Durchmesser
Putz
Isolierung (Sägespäne und Tonbrei)
Grober „Ofenlehm" (Sand und Bauerde)
Backfläche aus Schamotten
Überhängende Schamottesteine schaffen Platz für einen metallenen Behälter, der heiße Kohlen auffängt
Insbesondere bei größeren Öfen noch eine Reihe Schamottesteine hinzufügen, um den Überhang zu vergrößern

8 Arbeitsschritte für den Bau eines Lehmbackofens

Einführung

Die folgenden Arbeitsschritte und Abmessungen entsprechen einem vollkommen isolierten Lehmbackofen mit einem Backflächendurchmesser von 60 cm – so wie bei den Abbildungen gegenüber. Passen Sie die Arbeitsschritte jedoch nach Bedarf an. Optionale Details, etwa ein Türbogen oder ein Aschenputzloch, werden separat besprochen. Das Fundament kann rund oder eckig sein, aus Stein, Beton, Urbanit, Lehm, Holz oder anderem, je nachdem, was bei Ihnen vorhanden ist. Egal ob Sie größer oder kleiner bauen: Entscheiden Sie, was Sie machen, indem Sie der hier beschriebenen Anleitung folgen; passen Sie sich den örtlichen Gegebenheiten mit Ihren eigenen Abmessungen und Maßen an.

Erster Schritt: Das Fundament

Ihr Fundament sollte Folgendes leisten:

1. den Ofen vor Bodenfeuchtigkeit schützen;
2. das Gewicht des Ofens tragen;
3. den ganzen Bau unnachgiebig erhalten, sodass es sich auch bei Nässe und Frost nicht bewegt;
4. den Ofen zur erwünschten Höhe bringen (es ist einfacher zu bauen, wenn der Ofen niedriger steht. Allerdings müssten Sie dann bereit sein, beim Backen ein wenig niederzuknien).

Optionen

Bevor Sie sich für ein Trockenmauerfundament entscheiden, überlegen Sie bitte ein paar einfachere Optionen; Ihr Ofen muss nicht unbedingt 1000 Jahre stehen. Setzen Sie Ihre Vorstellungskraft ein und schauen Sie, was Sie mit Material, das leicht auffindbar ist, zusammenbringen – zum Beispiel ein mit Beton gefüllter Eimer, Fässer, Kisten (oder auch eine alte Waschmaschine?), Eisenbahnschwellen, Baumstämme, metallene Radkränze, mit Sand oder Erde gefüllte Autoreifen oder ein mit Bauschutt aufgefüllter Drahtzaun.

Vorsicht: Das eine oder andere Mal, als ich auf einer Holzbasis gebaut habe, war entweder von vornherein geplant, den Ofen zeitlich befristet zu betreiben oder ich habe den Ofen *extrem* gut isoliert, mit mindestens 15 cm brandfester Isolierung zwischen der Backflächenunterlage und dem, was brennen könnte. Diese Öfen standen aus Sicherheitsgründen *draußen*. Gehen Sie auf keinen Fall Risiken ein!

Ein sehr feines, permanentes Fundament aus Lehm ist auch möglich. Um Schutz vor Bodenfeuchtigkeit herzustellen, sollten Sie mindestens eine Lage Gestein oder Urbanit als Feuchtigkeitssperre auf die Bodenoberfläche legen (eine feuchtigkeitsbeständige Plane kann auch funktionieren).

Das Fundament ausheben

Zeichnen Sie auf dem Boden, wo Ihr Ofen stehen soll, einen Kreis mit einem Durchmesser von ca. 125 cm. Bei Öfen, die größer oder kleiner als der hier beschriebene 60 cm-Ofen sind, sollten Sie schauen, dass der Kreis groß genug ist, um genügend Platz für die Dämmung der Bodenisolierung zu haben.

Außer wenn Sie unmittelbar auf einer bereits existierenden Betonplatte oder einem Fahrweg

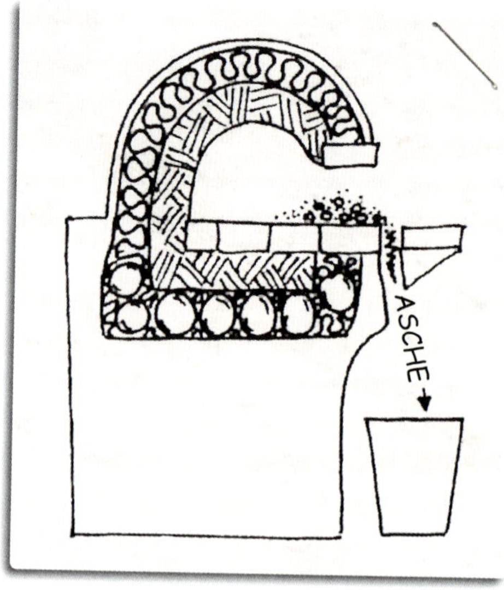

Optionaler Aschebehälter: Wenn Sie planen, den Ofen täglich zu benutzen, ist ein Aschebehälter ratsam, der aber geplant und angepasst werden muss. Dieser Behälter macht eine Öffnung in der Backfläche notwendig, die groß genug ist, damit die Holzkohlen durchpassen und die Asche in den Behälter gelangen kann (der einen luftdichten Deckel haben sollte). Das ist nicht nur bequemer, sondern auch sicherer, da die heißen Kohlen direkt in den Behälter kommen. Diese Lösung macht die Gestaltung aber auch etwas komplizierter, weil der Unterbau intakt bleiben muss und die Isolierung und die Backfläche nicht beeinträchtigt werden dürfen. Der Behälter sollte auch weit vor dem Ofenmund platziert und verschließbar sein, um die Luftströmung während des Einheizens nicht zu behindern. ▲

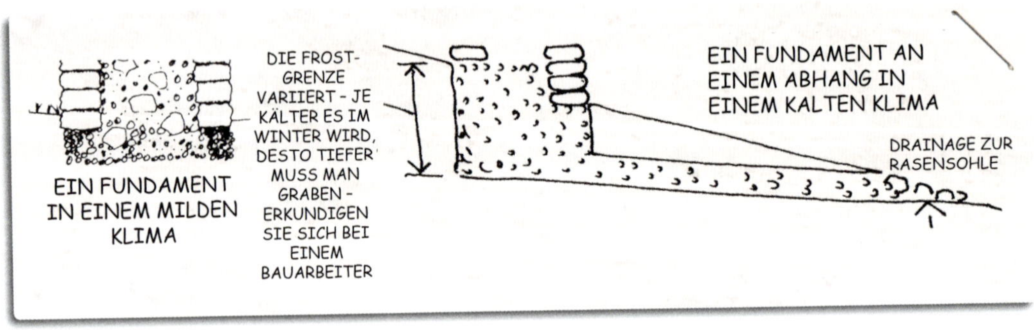

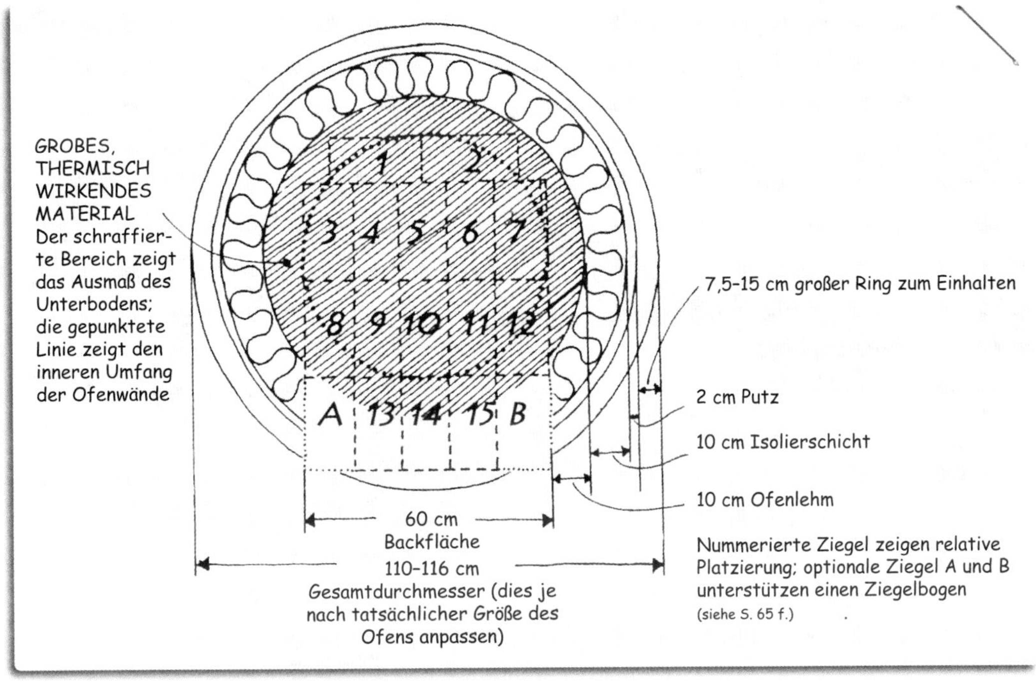

bauen, graben Sie bis zur Frostgrenze hinab (fragen Sie einen Bauunternehmer in Ihrer Gegend, falls Sie weit im kalten Norden sind und keine Lust haben, einen Meter oder noch tiefer zur Frostgrenze zu graben; fragen Sie ihn auch wegen frostsicherem Fundament – Betonplattengründungen auf gut drainagierten Kiesgründungen sind mögliche Optionen). Der Boden des Lochs sollte fest und solide sein; stampfen Sie ihn mit einem Pfosten oder anderem Werkzeug fest.

Füllen Sie den Graben mit Kies und Bauschutt nach (bzw. alles, das zwar fest ist, aber auch eine gute Drainage ermöglicht – falls Sie Urbanitstücke haben, verwenden Sie diese. Hohlräume können Sie mit Sand und/oder Kies, aber nicht mit Erde, nachfüllen). Runder Kies stampft sich quasi von selbst fest, andere Materialien sollten aber festgestampft werden.

Wenn der Boden sehr nass ist, kann ein Abflussgraben (mit oder ohne Drainagerohr unten drinnen) sehr hilfreich sein. So können Sie Wasser bergab und weg von Ihrem Ofen leiten, und zwar dorthin, wo es danach natürlich abfließen kann. Wenn Sie am Hang bauen, dann sollten Sie sich vergewissern, dass der Fundamentgraben waagerecht ist (sonst könnte Ihnen die Suppe aus dem Topf herausrinnen!). Eine Wasserwaage ist hier natürlich nützlich, obwohl Sie sich, weil es ein kleines Fundament ist, auf Ihre Augen verlassen können. Eine andere Variante: Stellen Sie doch einfach einen Suppentopf auf!

Erste Lage

Einen Ring aus Gestein oder Urbanit als Rand hinlegen; mit Kies, Bauschutt, Sand usw. nachfüllen. (Die Nachfüllung mit rundem Kies sichert, dass durch Kapillarwirkung keine Bodenfeuchtigkeit in den Ofen hinaufkommt. Es ist sehr wichtig, eine solche Feuchtigkeitssperre zwischen einem Lehmbauwerk und dem Boden zu haben – 15 cm sind hierfür das Minimum. Erde als Füllmaterial ist eine schlechte Auswahl, da sie nie vollständig kompaktiert (sich verfestigen) und Wasser mittels Kapillarwirkung sofort nach oben drängt. Außerdem setzt sie sich mit der Zeit, was leicht ein Absenken der Backfläche verursachen kann.

Zusätzliche Lagen

Weitere Lagen zickzack, also so wie Ziegel, „eins auf zwei" hinlegen. Steine sollten sicher und stabil liegen; bei einem Wackeln sollte der Stein mit Kieselsteinen stabilisiert werden – oder einen Mörtel aus Zement, Kalk oder auch Lehm (gleich dem Ofenlehm) herstellen. Das Bauwerk mit Kies gleich nach Fertigstellung der Reihe nachfüllen und waagerecht halten. Bauen Sie hoch bis zu 25 bis 30 cm unter das gedachte Backflächenniveau, je nach Lage Ihrer Unterbodenisolierung.

Tonbrei machen: Lockere trockene Bauerde auflösen, bis diese wie grober Kies ist; die Erde in einen Eimer hineingeben, der bereits ⅓ bis ½ voll mit Wasser ist. Über Nacht stehenlassen; am nächsten Tag das obenstehende Wasser wegschütten und den Rest mischen – oder in ein Kinderschwimmbecken hineingeben und die Kinder darauf herumtrampeln lassen! Die Konsistenz sollte der eines sehr sahnigen Rahms entsprechen. Wenn Sie in Eile sind und eine Bohrmaschine und einen Schneckenbohrer-Bit zur Hand haben, können Sie diesen Brei auch mithilfe einer „Eimermischmaschine" herstellen. Vorsichtig vorgehen, da durch diesen Bit eine kräftige Hebelwirkung entsteht, durch die Sie sich verletzen können. (Foto: B. Carlson) ▲

Zweiter Schritt: Bodenisolierung

Den Boden bzw. die Backfläche zu isolieren, sorgt dafür, dass die im Ofen gespeicherte Wärme möglichst lang im Ofen bleibt, anstatt vom relativ kühlen Fundament ausgesaugt und in den kalten Boden hineingeleitet zu werden. (Dies ist *sehr* wichtig für die Arbeitsleistung Ihres Ofens; siehe Seite 114 ff.)

Isolierungsmöglichkeiten

Meine bevorzugten Materialien sind:

1. Glasflaschen – in einem „Mörtel" aus Sägespänen und Tonbrei eingebettet (preiswert und zuverlässig);

ACHTUNG

Im Anhang auf den Seiten 150–155 finden Sie eine alternative, wenn auch kostenintensivere, dafür aber dauerhaftere Lösung für einen Holzbackofen in Lehmziegelbauweise. In Schritt-für-Schritt-Bildern werden alle wesentlichen Bauabschnitte dokumentiert.

2. Mineralisoliermaterial (Perlit oder Bims), gemischt mit Tonbrei (teurer und staubiger, dafür aber relativ einfach zu handhaben und auch zuverlässig).

Tonbrei ist nichts anderes als Bauerde mit Wasser gemischt. Siehe hierzu die Randbemerkung.

Glasflaschenisolierung

Glasflaschen sollten möglichst gleich groß sein und können aufrecht oder auf die Seite gelegt werden.

Die Flaschen werden im Ring gleichmäßig verteilt und mit einem Sägespänen-Tonbrei übergossen. ▲

Zur Herstellung des Isoliermörtels mischen Sie eine halbe Schubkarre des ausgewählten Isolierstoffes mit ca. 4 Liter Tonbrei. ▲

Isolierstoffe aus Mineralstoffen und Sägespänen

Isolierstoffe aus Mineralstoffen oder Sägespänen sollten mit genau so viel Tonbrei gemischt werden, dass ein fester Teig entsteht. Füllen Sie eine Schubkarre bis zur Hälfte mit ausgewählten Isolierstoff, geben Sie ungefähr vier Liter Brei dazu und „wenden" Sie ihn mit einer Schaufel – so wie einen großen Pfannkuchen. Dieser Teig sollte zu einem Ball zusammengedrückt werden können. Zu viel Brei führt dazu, dass er tröpfelt; zu wenig macht ihn krümelig. Für die, die Sägespäne verwenden, macht der durch den Tonbrei entstehende Beschichtungsfilm das Ganze feuerfest, indem der Ton den Zugang von Sauerstoff zu den Sägespänen verhindert (wenn der Ofen heiß genug ist, brennen die Sägespäne sehr langsam ab [„Pyrolisieren" genannt], was einen „Schaum" aus Ton zurücklässt). Der Ton hat auch den Zweck, die Isoliermasse formbar zu machen, erhöht die Druckfestigkeit und verringert Staub. Achtung: Bei Verwendung von staubigen Materialien, besonders bei solchen, die Perlit, Ton und Silica enthalten, unbedingt eine Atemschutzmaske tragen!

Ring zum Stabilisieren der Bodenisolierung herstellen

Die Isolierung funktioniert am besten, wenn sie die Ofenmasse komplett umhüllt – so wie die Schokoladenschicht rund um die Erdnüsse bei einem Erdnussbonbon. Nur: Hier müssen wir mit der Schokolade anfangen! Um die Isolierung zu stabilisieren, wird eine Form gebaut. Die Abbildungen auf Seite 58 unten zeigen etwas schmale Ringe rund um den äußeren Rand des Fundaments (Nummer 2, links. Nummer 1 ist die Oberseite Ihres Fundaments). Hier kann Lehm, aber auch Ziegel oder anderes verwendet werden. Der Ring sollte so hoch sein, wie die Isolierschicht dick ist. Legen Sie Ihre Glasflaschen 3–5 mm voneinander entfernt, damit sie nicht aneinander reiben, wenn sie sich bei Hitze ausdehnen. Lassen Sie den Isolierstoff dazwischen fallen und achten Sie darauf, dass die Oberfläche zum Schluss waagerecht ist und dass die Flaschen gerade noch sichtbar sind.

Wenn Sie wollen, können Sie an dieser Stelle ein paar Tage Pause machen, wenn das Ganze austrocknet (Risse, die durch Austrocknen entstehen, wieder auffüllen!). Sonst können Sie auch gleich weitermachen. Als nächster Schritt steht der Unterboden an, der möglichst dicht sein sollte.

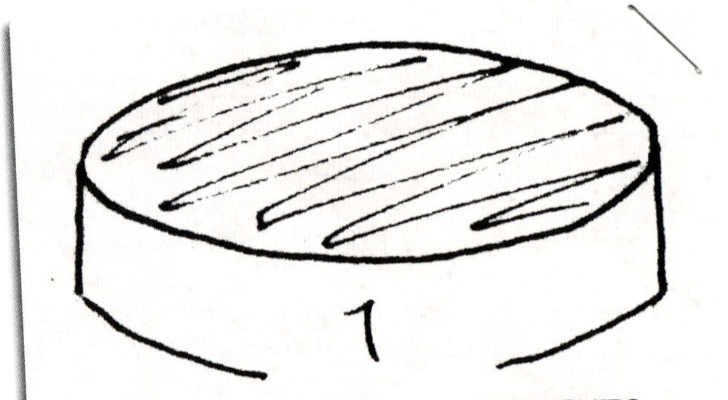

1: OBERSEITE DES FUNDAMENTS

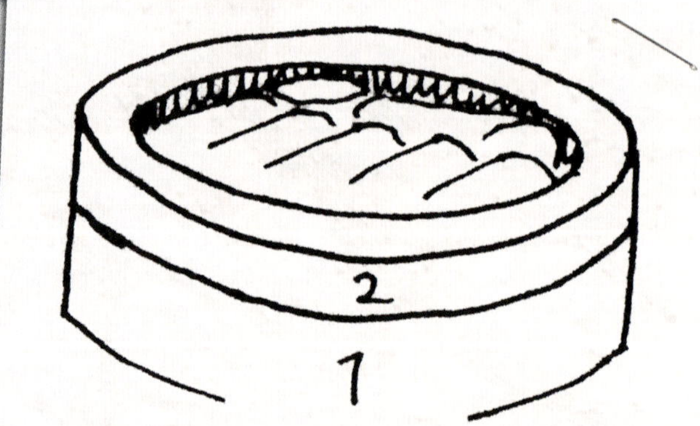

2: ERSTER RING MIT UNTERBODENISOLIERUNG; FERTIG FÜR DIE FÜLLUNG MIT EINER MISCHUNG AUS SÄGESPÄNEN UND TONBREI

Fester Unterboden oder Backflächenunterlage

Traditionell werden Schamottesteine auf eine trockene Sandschicht gelegt, die Wärme speichert sowie als Auflager der Bodenfläche dient. Den Unterboden auf diese Weise zu bauen, wäre zwar einfach und stabil und würde auch zu einer guten Wärmespeicherkapazität führen, tatsächlich hat aber auch gestampfter Sand unzählige Luftblasen, die weder isolieren noch Wärme speichern. Meine Methode ist, einen Unterboden aus Ofenlehm zu bauen. Dahinter steht die Idee, dass Ton diese Luftblasen auffüllt und dadurch eine bessere Wärmeübertragung und Wärmespeicherung ermöglicht. Es ist auch wesentlich einfacher mit Ofenlehm, als mit losem Sand zu arbeiten. Beide Methoden führen aber zu einem funktionierenden Ofen.

Lege Sie die Lage der Ränder der Backfläche auf Ihrer Arbeitsfläche (sprich: auf der Isolierungsschicht) fest. Erstellen Sie einen temporären Rahmen aus Holz oder Ziegeln, füllen Sie diesen mit Ofenlehm nach und stampfen Sie ihn fest. So haben Sie einen Unterboden, der die ganze Backfläche unterstützen wird (siehe Nummer 3 in den Abbildungen). Je nach Situation und vorhandenen Materialien werden Sie es vielleicht einfacher finden, zuerst den letzten Ring (Nummer 4) zu bauen, ihn mit einem Band Isolierung zu füttern, und dies mithilfe von Pappe oder Ähnlichem als Rahmen für den Unterboden zu nutzen.

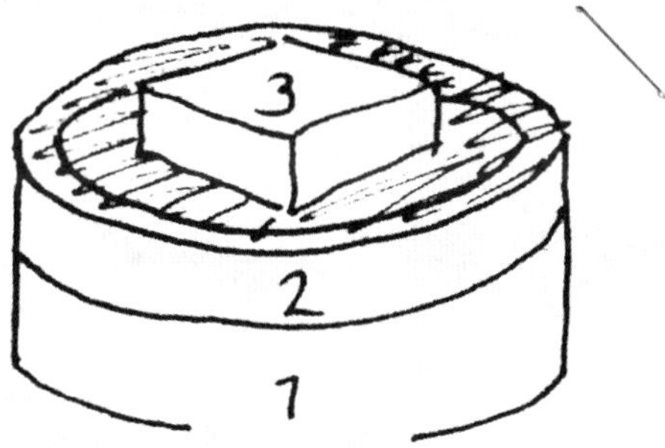

DER UNTERBODEN LIEGT AUF DER ISOLIERUNG; ER SOLLTE GROSS GENUG SEIN, UM ALLE SCHAMOTTE-STEINE DER BACKFLÄCHE ZU UNTERSTÜTZEN

EIN MASSIVER UNTERBODEN AUS OFEN-LEHM, DER GROSS GENUG IST, ALLE SCHAMOTTESTEINE DER BACKFLÄCHE ZU TRAGEN

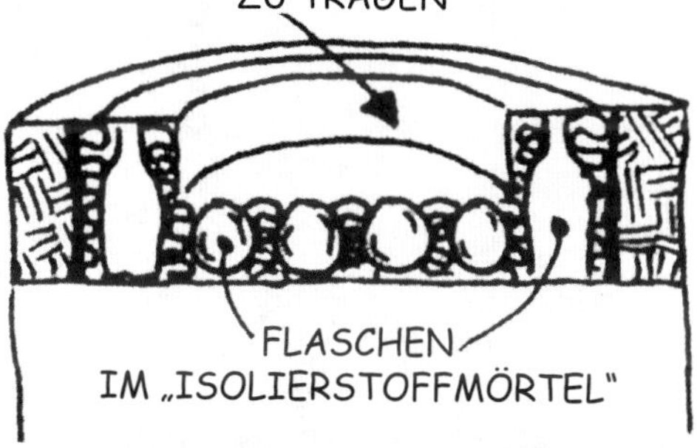

DEN MASSIVEN UNTERBODEN VOR ODER NACH DER HERSTELLUNG DER RINGE BAUEN; ER KANN ECKIG ODER RUND SEIN, JE NACHDEM, WAS AUS IHRER SICHT UND MIT IHREM MATERIAL SINN ERGIBT

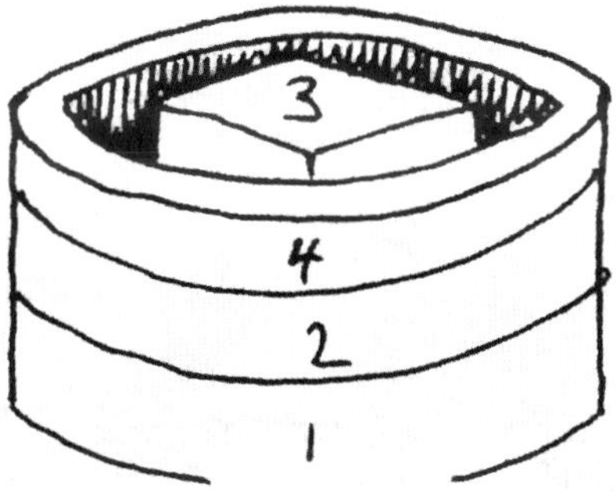

DIE ISOLIERUNG DES HOHLRAUMS ZWISCHEN (3) UND (4) IST DIE VORAUSSETZUNG FÜR DIE AUFBRIN-GUNG DES ESTRICHS UND DER SCHAMOTTEN

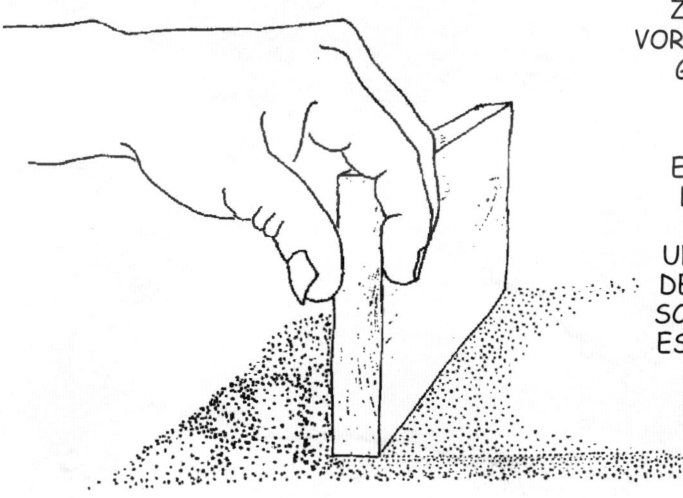

EINE GLATTE OBERFLÄCHE FÜR DIE SCHAMOTTEN VORBEREI-TEN: DEN ABGEDICHTETEN UNTERBODEN MIT EINEM GERA-DEN BRETT GLÄTTEN, BEVOR DIE SCHAMOTTEN GESETZT WERDEN. ES HILFT, WENN DAS BRETT AUF GLATTEN OBERFLÄCHEN MIT BEIDEN ENDEN AUFGESETZT WIRD UND GLEITEN KANN

Dritter Schritt: Die Erstellung der Backfläche

Die Schamottesteine setzen

Je waagerechter und flacher die Backflächensteine liegen, desto einfacher wird es sein, Laibe einzuschieben, Pizzen zu drehen oder eine Backform von ganz hinten im brennheißen Ofen herauszuholen – ganz zu schweigen vom Auskehren, damit Asche und grober Staub nicht an Ihrem Brot kleben. Das Ganze geht einfach leichter, wenn die Steine bündig und flach liegen. Es zahlt sich aus, hier sehr vorsichtig vorzugehen. Falls Sie gebrauchte Ziegel haben, schauen Sie, dass diese sauber und glatt sind!

Ihr Unterboden sollte ziemlich fest und flach sein. Bevor Sie mit dem Setzen der Schamotten beginnen, sollten Sie eine glatte, dünne Schicht Sand auf den Unterboden streuen (je gröber der Sand, desto tiefer die Sandschicht, sodass die Steine eben aufliegen können). Manchmal mache ich einen groben Entwurf, um zu sehen, ob alles auf die Mitte ausgerichtet ist und ob der Ofenmund dort sein wird, wo ich es will. So kann ich auch sehen, welche Schamotten am engsten zusammenpassen. Diese Steine sind für die Mitte der Backfläche reserviert (und aufpassen, dass Flächen mit Schrift oder Spalten nach unten schauen). Wenn dieser grobe Entwurf passt, markiere ich einen präzisen Startpunkt, der entweder die Mitte der Backfläche oder eine Ecke sein könnte.

Nun werden alle Steine entfernt und der erste vorsichtig genau

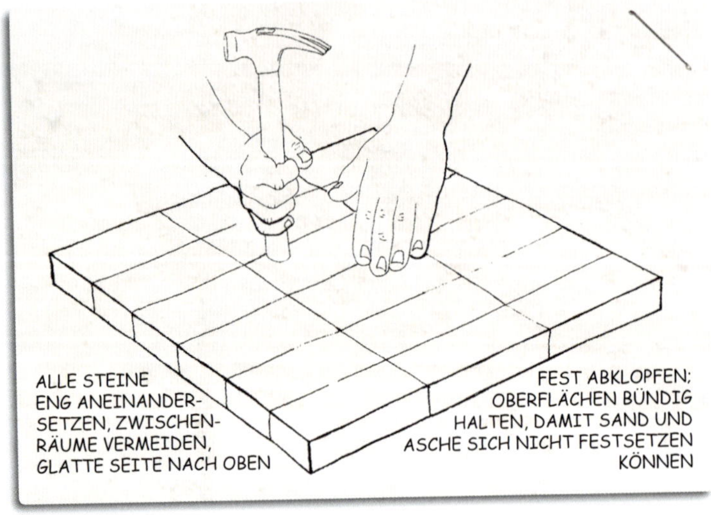

zum gerade markierten Startpunkt gesetzt. Halten Sie die nächste Schamotte waagerecht und 1–2 cm über der Oberfläche; sanft die lange Seite zur gleichen Seite Ihres Gegenübers „küssen" und vorsichtig nach unten gleiten lassen, bis sie flach und leicht eingebettet ist.

Ein besseres Lehmmörtelbett für die Bachfläche

Ein Mörtel aus Lehm ermöglicht die feste Einbindung von Steinen und macht eine exaktere Anpassung möglich. Es ist ähnlich wie beim Setzen von Keramikplatten: Glätten Sie das Bett mit einer Zahnkelle oder einem Stecken. Die Steine in Wasser eintauchen, weil sie sonst den Lehm trocken machen, der dann schnell steif wird. Der Einsatz von Zement ist auch hier *nicht* ratsam, da die Steine dann nur mehr schwer austauschbar sind.

Sobald eine Schamotte festgesetzt ist, auf keinen Fall wackeln! So könnte Sand zwischen den Fugen hinaufrutschen. Jede weitere Schamotte eng und dicht an die vorangehende setzen. Sobald die Schamotten gesetzt sind, inklusive der „Backraumzunge", alle festmachen, indem Sie sie mit dem Griffende eines Hammers abklopfen; jede sollte mit der nächsten bündig sein. Sollte einer hoch liegen, einfach herunterklopfen. Falls nicht alle fest, flach und eng liegen, einfach auseinandernehmen und wieder von vorne anfangen. Das zweite Mal geht es schneller und leichter.

Dies ist ein guter Punkt, um eine Pause zu machen, sei es für eine Stunde, einen Tag oder eine Woche, damit die ganze Geschichte austrocknen kann. Sie können diese Zeit nutzen, eine Entscheidung über eine Tür zu treffen, was vorteilhaft sein kann, bevor Sie damit anfangen, die Sandform aufzubauen und Ofenlehm zu mischen. Sie können aber auch einfach weitermachen und sich erst Gedanken um eine Tür machen, wenn der Ofen fertig ist.

Vierter Schritt: Überlegungen zur Ofentür

Die 25 cm Gesamthöhe der Ofentüröffnung entspricht genau 63 % der 40 cm Innenraumhöhe. Die Erklärung dazu finden Sie auf Seite 78. Es geht bei der Ofentür hauptsächlich darum, die Hitze und den Dampf im Innenraum zu behalten. Auch wenn Sie noch keine Ofentür beim ersten Backgang haben, können Sie Ihren Ofen einfach mit einem alten Stück Holz, Blech, Ziegeln oder was auch immer Sie zur Hand haben, schließen. Decken Sie jegliche Spalten mit einem feuchten Tuch ab und das Ganze funktioniert einwandfrei.

EINE EINFACHE, ZWEITEILIGE BRETTERTÜR, VERBUNDEN DURCH EINEN GRIFF

Auch eine einfache hölzerne Abdichtung ist leicht gebaut; Holzabfälle in den Größen 4 x 8 cm oder 4 x 12 cm passen gut. Diese Platten so platzieren, dass sie groß und breit genug sind; die Ofenöffnung abdecken und

Wenn Sie einen Ziegelbogen als Ofenöffnung (oder -mund) vorsehen, können Sie die Ofentür als Schablone verwenden. ▲

dann eine auf Papier gezeichnete Skizze dieses Torbogens auf das Holz bringen; diesen dann aussägen (die untere Kante der Ofentür ist abgeschrägt, sodass sie in der Öffnung lehnt). Ein weiterer querlaufender Holzsteg dient als Henkel.

Wenn Sie die Tür als Erstes bauen, ersparen Sie sich das Schablonenzeichnen und errichten den Ofen „um die Tür herum". Sie können aber auch mit dem Ziegelbogen und/oder mit dem Rauchabzug beginnen; die Tür im Anschluss zu bauen wäre die andere Option. Im Folgenden nenne ich weitere Möglichkeiten:

Türarten: Eine dichte, „angeflanschte" Tür

Ein Stück Sperrholz schneiden, sodass es der Form der Ofentür gleicht, aber 2 cm höher und auf beiden Seiten breiter. Auf einer Seite einen Griff befestigen, auf der anderen die Tür. Wenn Sie beim Verputzen sind, stellen Sie die Tür an die Öffnung und passen das Loch dem hervorspringenden Rand der Tür an; danach bis zum Rand der Tür für eine perfekte Anpassung verputzen. Formen Sie eine wulstige Türeinfassung für Schönheit und Festigkeit.

Umrahmen oder Ausbauen des Ofenmundes

Mit langem Stroh, Ofenlehm und genügend zusätzlicher Bauerde werden steife und klebrige Lehmstrohstränge hergestellt, die sich biegen lassen, ohne zu brechen,. Verwenden Sie diese Stränge für eine Hülle, die das Ofenmundloch bis zum Ende der Ofenisolierschicht umfasst.

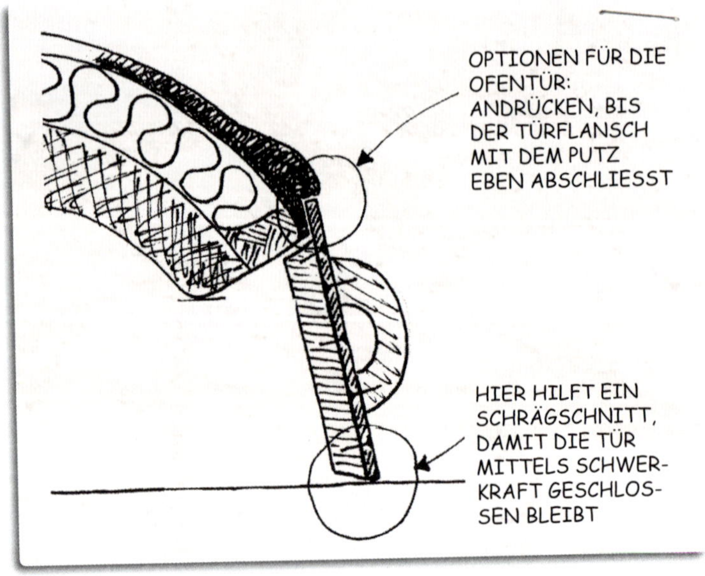

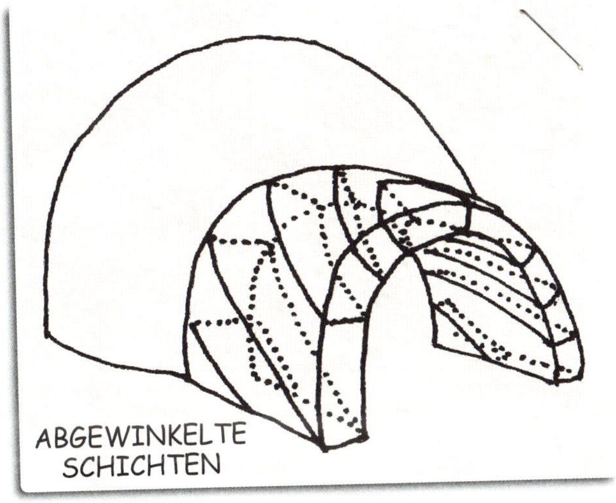

Einen Lehmbogen aus abgewinkelten Schichten herstellen

Falls Sie eine sehr dicke Isolierschicht möchten oder dazu einen Rauchabzug bauen wollen, dann bringen Sie eine abgewinkelte Ecke unten an beiden Seiten des Ofenmundes an (Abbildung oben). Mit Lehmstrohsträngen aufbauen und darauf achten, dass die Ränder sauber bleiben. Das Werk bis zur Mitte oben aufbauen, wo beide Seiten zusammentreffen sollten. Es entsteht ein Sims, das im trockenen Zustand ein Ofenrohr stützen kann. Es kann auch um ein Rohr herumgebaut werden, dass gegebenenfalls eingeschalt werden kann. Es kann sein, dass die ersten Lehmstrohstränge steif werden müssen, bevor Sie den Bogen beenden können. (Dieses Prinzip wird im Mittleren Osten eingesetzt, um gewölbte Lehmdächer und Kuppelgewölbe zu bauen.)

Weitere Türvarianten: Feuerungs- und Mehrzwecklehmtüren

Sie können auch eine einfache Tür aus dickem Lehm, Stroh und Sägespänen machen (wenn sie stärker sein und/oder es schnell abbinden soll, geben Sie ein wenig Gips oder Zement dazu. Gips ist leichter zu bearbeiten, bindet dafür aber schneller ab). Alle Zutaten zusammenmischen, bis es zu einem verformbaren, aber auch steifen Masse wird. Es sollte die Form des Ofenmundes selbst halten können. Eine Schicht Zeitungspapier zuerst auf den Rand des Ofenmundes zu geben, macht es leichter, Ihre Tür nach Trocknung herausnehmen zu können, ohne den Ofen oder die Tür zu beschädigen. Die Masse nach der Form der Ofenöffnung bearbeiten. Gestalten Sie mit einem Stock oder Ihren Fingern einen Türgriff. Trocknen lassen, bis es leicht zu bewegen ist. Eine zusätzliche Schicht Lehm auf die Innenseite geben, um das Stroh und die Sägespäne vor Brand zu schützen.

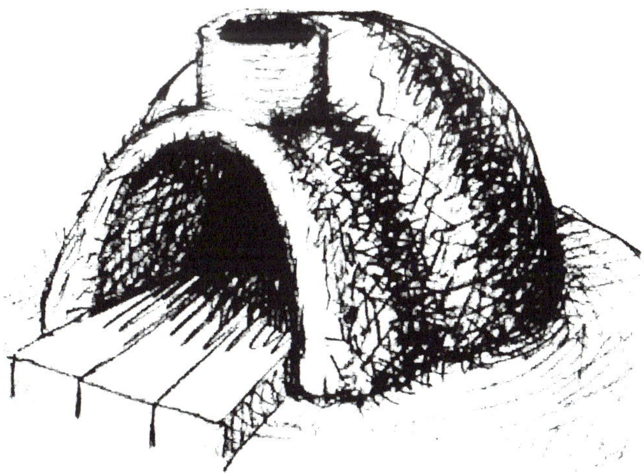

DIESE ÖFFNUNG KANN GLEICHZEITIG ALS ZUGLOCH DIENEN; ES KANN HIER ABER AUCH EIN GRIFF ANGEBRACHT WERDEN!

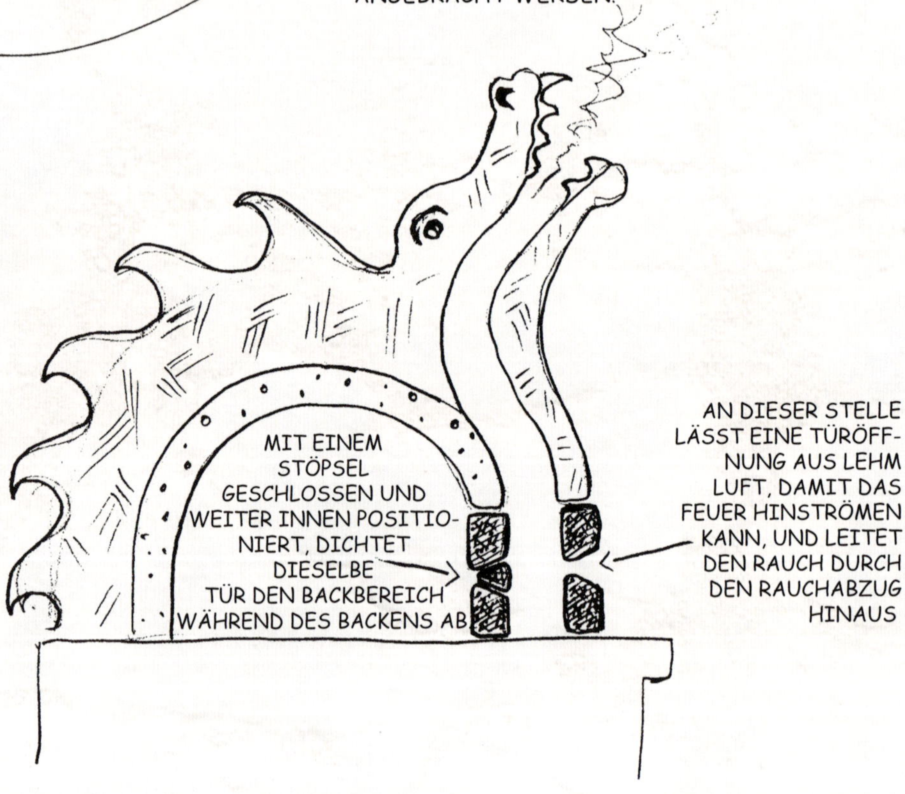

MIT EINEM STÖPSEL GESCHLOSSEN UND WEITER INNEN POSITIONIERT, DICHTET DIESELBE TÜR DEN BACKBEREICH WÄHREND DES BACKENS AB
AN DIESER STELLE LÄSST EINE TÜRÖFFNUNG AUS LEHM LUFT, DAMIT DAS FEUER HINSTRÖMEN KANN, UND LEITET DEN RAUCH DURCH DEN RAUCHABZUG HINAUS

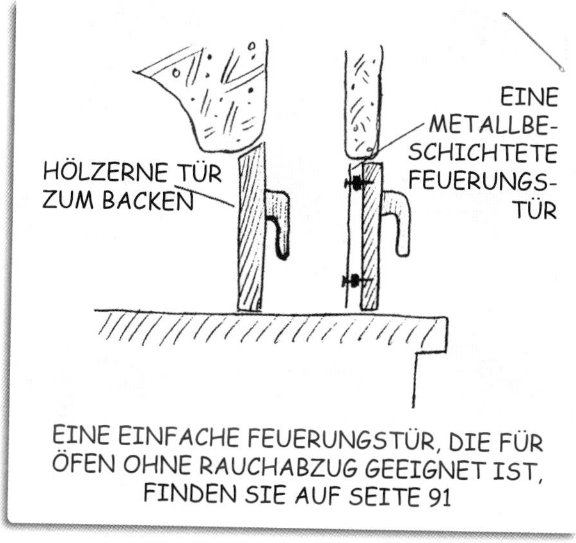

Eine extravagante Variante eines Ziegelbogens

Die Öffnung ist eine der empfindlichsten Stellen des Ofens. Obwohl Kanten aus Lehm lange halten können, wenn Sie vorsichtig sind, leiden diese leicht unter Stößen, Herumstochern, intensiverem Backen, unachtsamen Kindern oder, nach langer Zeit, normalem Einsatz. Oder haben Sie vielleicht einfach Lust auf eine dauerhaftere, klassisch-bogenförmige Öffnung aus Ziegeln? (Ziegelsteine machen auch eine angenehm flache Oberfläche, gegen die man eine metallene Feuerungstür lehnen kann, die ein gutes Brennverhalten leichter macht, besonders an stürmischen Tagen.) Eine andere Möglichkeit wäre ein gerader Bogen (siehe Skizzen auf Seite 66 nebst Erläuterungen).

Ein gewölbter Ziegelbogen benötigt eine Holzform. Ich zeichne diese Form auf Papier zuerst auf, indem ich die auf die Stirnseite gestellten Ziegel auf dem Papier wie bei der oben abgebildeten Skizze platziere. Ziegel sollten sich gegenseitig an den Ecken berühren, um die Standfestigkeit des Bogens zu maximieren. Je nach Ziegelgröße haben Sie zum Schluss oben in der Mitte entweder einen senkrechten Ziegel oder zwei sich leicht zur Seite neigende Ziegel. Es funktioniert beides, solange eine Art Schlussstein entsteht. Zwei Ziegel, die sich in der Mitte treffen, wirken zusammen, um diese Rolle zu erfüllen – so wie auf S. 66 skizziert. Richten Sie im Falle eines einzigen, in der Mitte stehenden Ziegels den Winkel der benachbarten Ziegel aus und schleifen Sie die Ecken des obersten ab, sodass alle ineinanderrasten. Ohne eine Art Schlussstein fällt sonst der oberste Ziegel raus, sobald der Bogen heiß wird und sich alles ausdehnt.

Wenn Sie mit der Form des Bogens zufrieden sind, übertragen Sie die innere Wölbung des Ziegelbogens auf Papier, übertragen das Muster dann auf Sperrholz und sägen es aus. (Die Form sollte um die Höhe der Abstandscheiben kleiner sein als die Endtürhöhe – oder die ersten Ziegel des Bogens müssen auf einem Mörtelbett liegen.) Erstelle zwei Stücke desselben Musters und befestige sie auf beiden Seiten eines 5 x 10 cm großen Holzkerns. Nicht vergessen, beide Muster links und rechts zusammenpassend zu befestigen!

Stelle Sie die Form dort, wo die Tür hinkommen soll, auf zwei Holzscheiben mit ca. 5 mm Stärke auf, die Sie entweder irgendwo finden oder herstellen können; diese haben eine Abschrägung und sind ca. 30 cm lang. Die Form sollte fest, solide und lotrecht stehen. Die Scheiben sollten soweit herausstehen, dass Sie sie später herausziehen können.

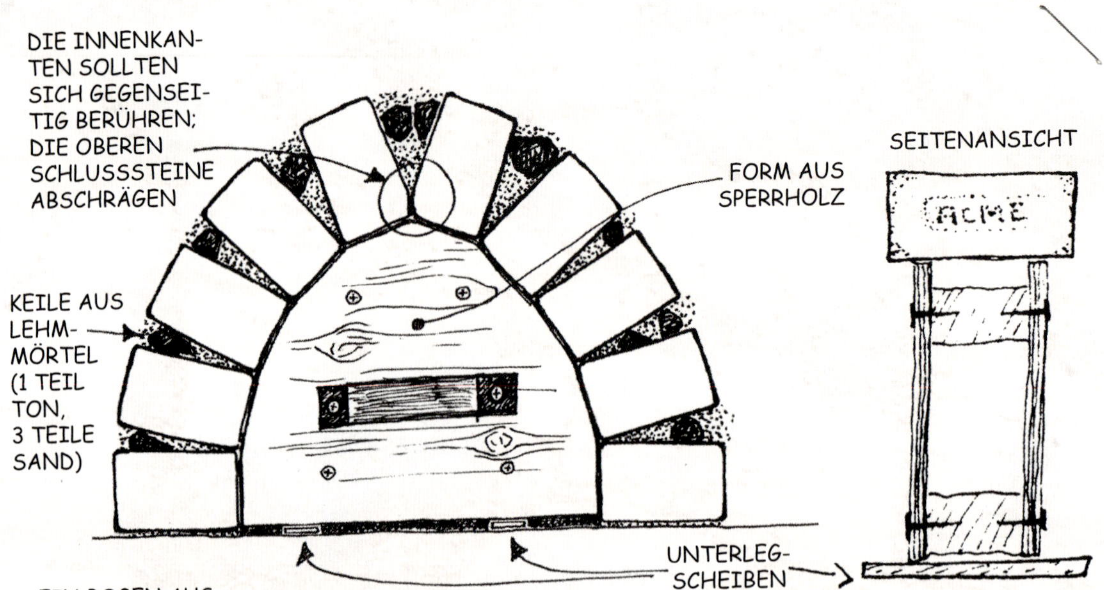

EIN BOGEN AUS SCHAMOTTESTEINEN FÜR EINEN OFEN MIT 60 CM DURCHMESSER: DIE ÖFFNUNG IST 25 CM HOCH X 30 CM BREIT

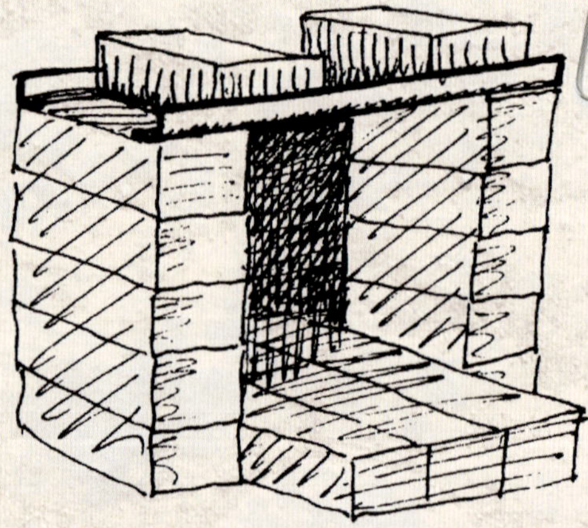

EINE LEICHT MACHBARE STANDARDABDECKUNG: ZIEGEL ZU ZWEI SÄULEN STAPELN UND DIESE OBEN MIT EINEM WINKELEISEN VERBINDEN – MÖRTEL WIRD KEINER GEBRAUCHT. DEN MITTLEREN ZIEGEL FÜR DEN RAUCHABZUG AUSSPAREN

Nun die ersten Ziegel auf eine dünne Mörtelschicht auf beide Seiten der Form setzen. Danach verwende ich kleine Steine, um jeden folgenden Ziegel im richtigen Winkel zu halten. Mit einer Hand den Ziegel gegen die Form halten; mit der anderen ein Steinchen in den jeweiligen Spalt einkeilen. Beide Seiten gleichzeitig hoch zur Mitte des Gewölbes errichten und nicht vergessen, dass sich alle Ziegel an der Kante berühren sollen.

Wenn das Ergebnis zufriedenstellend ist und der Schlussstein festsitzt, die Holzscheiben langsam herausnehmen. Die Schablone sollte abfallen, was ein wenig Spielraum schafft, um sie „herauszuwinden". Wenn es geklappt hat, die Schablone einfach wieder hineinstellen, um den Sand in der Sandform zu halten. Falls es nicht funktioniert hat, den Bogen wieder auseinandernehmen und von vorne anfangen. Das zweite Mal geht es schneller und einfacher.

Die Fugen des fertigen Bogens mit Ofenlehm anfüllen. Machen Sie ihn solide, üben Sie aber nicht zu viel Druck aus, dass die Steinkeile oder sogar die Ziegel sich bewegen. Die Fugen zum Schluss mit einem Löffel verstreichen.

Das Erbauen eines Bogens – Schlussstein und Unterlegescheiben: Hier vollendet ein einzelner Schlussstein den Bogen. Die Unterlegscheiben (Grafik links oben) sind äußerst wichtig, um die Schablone entfernen zu können. Die Form kann zu einer gutsitzenden Ofentür umgestaltet werden; ein Flansch sollte hinzugefügt werden. ◄

Fünfter Schritt: Eine Sandform machen bzw. den Hohlraum formen

Der Ofen ist ein Hohlraum, der durch eine Sandform hergestellt wird. Ein Ofen entsteht, in dem die Form mit Ofenlehm beschichtet und der Sand herausgenommen wird.

Sie sollten hinreichend Zeit einplanen, um die Sandform und die erste Ofenschicht in einem Gang bearbeiten zu können. So vermeidet man eine sogenannte Kaltlötung im Lehm, die später Risse verursachen kann. Selbst Öfen mit 72–96 cm Durchmesser lassen sich an einem halben Tag anfertigen – vor allem, wenn Sie ein wenig Hilfe haben!

Den Kreis des Ofenhohlraums bis zum Rand der Backflächensteine mithilfe einer Schnur aufzeichnen. Diese Linie sollte die maximale Oberfläche abgrenzen. (Eine Schnur, an einem

Um die Schablone, die auf Unterleghölzern gestellt ist, wird der Ziegelbogen gebaut. ▲

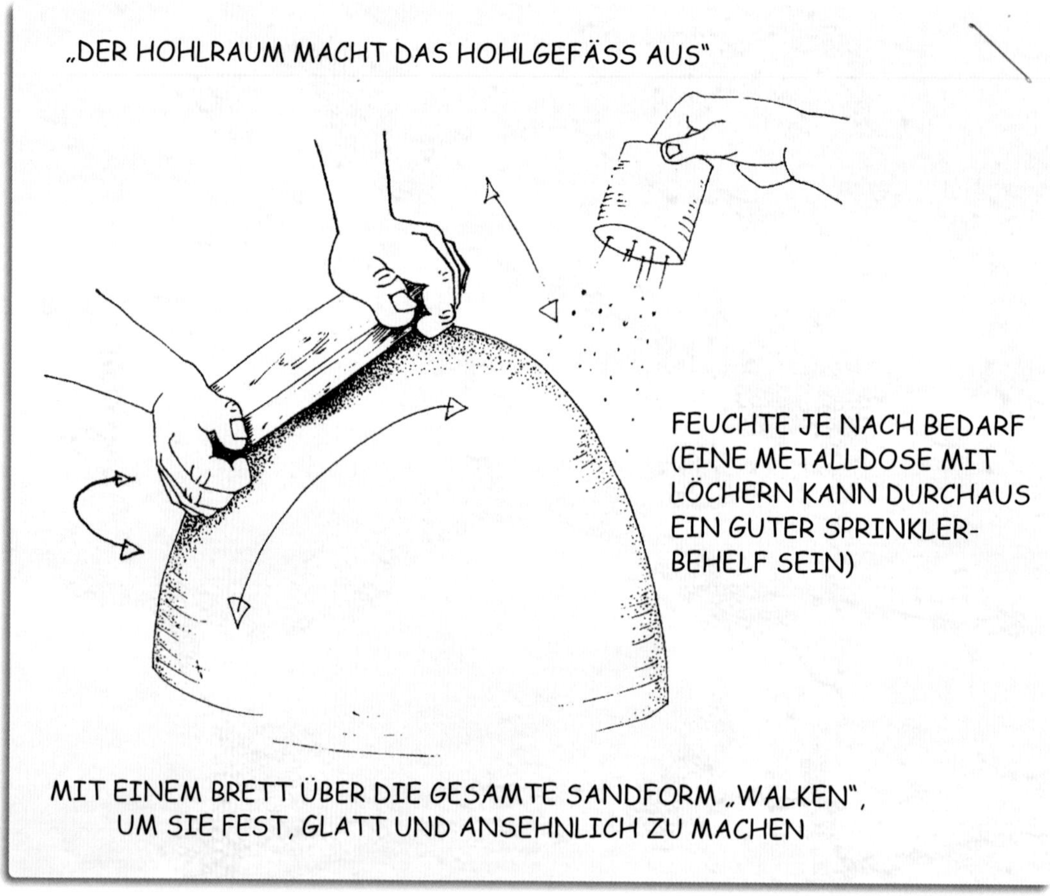

Stift gebunden, macht einen Zirkel: das Schnurende in der Mitte halten, den Kreisbogen mit dem Stift schwingen.)

Den feuchten Sand bis an den aufgezeichneten Kreis nach außen stapeln. Der Sand sollte zwar feucht sein, aber nicht so nass, dass er stürzt. Man kann entweder schichtenweise aufbauen oder von einem zentralliegenden Sandhaufen nach außen bauen. Wichtig ist, die Wände unten so vertikal wie möglich zu halten, um den nutzbaren Ofenraum zu maximieren. (Stellen Sie sich eine Halbkugel auf einer 10 cm dicken Platte vor.)

Die typische Höhe der Kuppel des Hohlraums ist 40 cm. Wenn sie höher wird, entstehen oben kühlende Wirbel und der zusätzliche Rauminhalt verdünnt die Konzentration von brauchbarem Dampf während des Backens. Ein tiefstehendes Koppelgewölbe gefährdet die Brennqualität, obwohl Pizzaöfen oft eine niedrigere Decke haben. Weniger als 30 cm würde ich auf keinen Fall bauen (falls Sie es trotzdem machen wollen, nicht vergessen, die Türhöhe entsprechend abzuändern).

Eine gute Form ergibt ein gutes Feuer. Stelle Sie sich ein Feuer vor, das gut im Hohlraum dahinbrennt.

Schauen Sie, ob Sie nicht den Höchstpunkt von der Mitte aus weiter nach hinten verlegen können – so kann die Decke leicht zur Öffnung abschrägen. (Dies ist bei einem Ei-förmigen Ofen ganz natürlich und einfach; er sieht aus wie ein halbiertes Ei, das auf die Seite gelegt wurde.)

Rutschender Sand und andere Formen

Wasser hat den Effekt, Sand nicht nur bindig zu machen, sondern auch fließfähig: bei zu wenig Wasser bindet er nicht richtig, bei zu viel Wasser fließt er auseinander. (Körnungsgröße und Form der Sandkörner sind auch wichtig; siehe S. 44.) Das Wasser abfließen lassen und den Sand von oben wegnehmen, um einen nassen Sandhaufen auszutrocknen. Die Sandform kann auch stabiler gemacht werden, indem Holz, Ziegel usw. gestapelt werden, die eine dünnere Schicht Sand unterstützen (kleine Stücke verwenden, damit sie leicht herausnehmbar sind; mittels Abstandscheiben oder einer Sandschicht dazwischen Platz lassen, damit die Stücke beim Herausnehmen „gewippt" werden können). Wenn der Sand grob und kein Feinmaterial dabei ist, kann die Sandform durch die geringe Zufuhr von eher trockener Bauerde stabilisiert werden. Eine Form kann auch aus Oberboden oder mit

Zuerst wird mit feuchtem Sand die Form des Ofens vorgegeben. Diese wird dann mit Papier umhüllt, um danach mit Lehm den Ofen um diese Form zu bauen. ▲

Stroh (das wiederum weggebrannt werden kann!), zusammengehalten mit einer Kordel, erstellt werden. In Kanada ist es traditionell, einen Korb aus Ruten (oder aus Bambus) herzustellen. Ein Leser hat eine Dichtungstube aus Karton ausprobiert (wasserdicht machen, damit sie nicht weich wird). Auf Seite 130 ist ein Ofen zu sehen, der aus Weidenruten gebaut wurde.

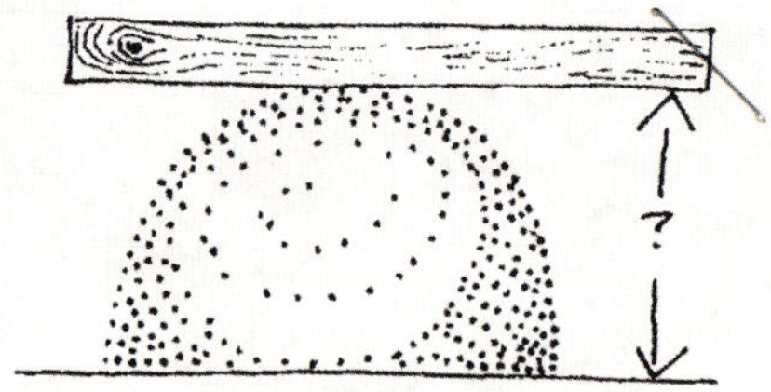

DIE TYPISCHE HÖHE DES GEWÖLBES BETRÄGT 40 CM

Ein guter Trick zur Kontrolle der Kuppelhöhe besteht darin, einen Stock auf 40 cm abzuschneiden und ihn in die halb gebaute Form hineinzustecken. Wenn das Ende des Stocks erreicht ist, sind Sie fertig! Sonst kann ein gerader Stock (oder eine Wasserwaage) vom Höhepunkt der Kuppel waagerecht hinausgestreckt werden und der Abstand zur Backfläche gemessen werden. Die fertige Kuppel sollte gleichförmig, gut verdichtet und solide sein.

Den Sand mit nassem Zeitungspapier abdecken, um das spätere Entfernen leichter zu machen. Schmale Streifen machen, weil es mit großen Blättern schwierig ist, zu arbeiten. Es können auch große Baumblätter verwendet werden. Alles glatt machen, damit keine Ecken im Lehm stecken bleiben, was Risse verursachen könnte.

Sechster Schritt: Grober „Ofenlehm“ als thermisch wirksame Masse (erste Schicht)

Das Rezept:

1. Ein Teil Bauerde
2. Zwei bis vier Teile Sand
3. Wasser

Manchmal findet man das, was bei englischen Lehmbauern „ready mix“ heißt, also eine bereits perfekte Mischung von Sand und Ton, die nur Wasser braucht, um zum Bauen geeignet zu sein. Meistens sind jedoch Zugaben zur Erde vonnöten.

Wenn die Erde eher „schluffig“ ist, gebe ich zwei Teile Sand dazu; vier Teile aber nur bei beinahe purem Ton. Zu viel Ton ist mir lieber als zu wenig. Es gibt viele verschiedene Mischungen, von denen die meisten funktionieren. Im Zweifel die Tests wiederholen.

Genug Wasser dazumischen, um einen festen Teig zu machen. Wenn die Bauerde bereits nass ist, kann es sein, dass kein Wasser benötigt wird.

Die Textur sollte durchaus homogen, Ton und Sand sollten vollständig gemischt sein. Ein fest gepackter Ball sollte nicht zerfallen, wenn er aus Schulterhöhe zu Boden fallen gelassen wird. (Drücke den Ball 50–100 Mal fest. Dies ist wichtig und es zahlt sich aus, es mehrmals auszuprobieren, bevor es zu einer endgültigen Entscheidung kommt.) Wenn der Ball zerbricht, braucht er entweder mehr Wasser oder eine stärkere Durchmischung. Wenn er nach der Wasserzufuhr immer noch zerbricht, braucht er wahrscheinlich mehr Ton. Wenn er flach wie ein Pfannkuchen wird, ist er zu nass.

Wie man Zeit spart

Wenn das Material direkt aus dem Boden passend ist, dann ist das großartig. Dies ist aber meistens nicht der Fall. Wenn das Material sehr oder auch ziemlich trocken ist oder große harte Klumpen beinhaltet oder voller Steine ist, steht womöglich die Frage im Raum, wie das jemals mit Sand gemischt werden kann.

Ein paar Tricks können hier helfen:

- Komplett ausgetrocknete Bauerde lässt sich über Nacht (wenn nicht schneller) einweichen. Demgegenüber widersteht feuchte Bauerde leicht dem Durchsickern von Wasser (eines der Wunder des Tons, was Ton sehr geeignet zum Staumauerbau oder Teichabdichten macht). Meine Technik: Einen halb mit Wasser angefüllten Eimer hernehmen und ihn mit trockener Erde auffüllen. Wenn sie weich ist, gieße ich das obenstehende Wasser ab.
- Auch wenn die Erde etwas nass ist (oder wenn Zeit knapp ist), kann es noch hilfreich sein, sie einzuweichen. Bei wirklich knapper Zeit die Erde mit Händen und Füßen oder sogar mit einem Schneckenbohrer (siehe S. 56) mischen.
- Mit einem Sieb aus Drahtgitter lassen sich Steine leicht aussieben. 3–6 mm Gitter ist optimal. Bei klebriger und klumpiger Erde kann es sein, dass es leichter ist, sie vor dem Sieben einzuweichen; danach bei Bedarf etwas austrocknen lassen.

> **INFORMATION**
>
> **Kann nicht einfach reine Bauerde verwendet und auf Sand verzichtet werden?**
>
> **Ja – siehe Seite 130 zur Diskussion der Vor- und Nachteile.**

Eine Ladung mischen

Eine Plane sorgt für viel Spaß: Sand in die Mitte der Plane in einen Kreis schütten; Bauerde danach in die Mitte des Sandkreises ausschütten, Wasser nach Bedarf dazu und dann einfach mit den Füßen voraus hineinspringen!

Meiner Meinung nach gelingt das Mischen am besten mit bloßen Füßen. Besteht aber auch nur das kleinste Risiko, dass Glas oder Nägel (oder auch scharfe Steine) in der Erde sein könnten, empfehle ich, Stiefel zu tragen. Das Material durchmischen, bis es gleichmäßig und klebrig ist. Nur so viel Sand hineinmischen, wie nötig ist, die Bauerde aber nicht bricht. Während Sie sich drehend im Kreis bewegen, arbeiten Ihre Füße wie Kolben, um den Ton zu zerkleinern und den Sand dazuzumischen. Mit Musik und einem Tanzpartner vergeht die Zeit wie im Flug. Tanzen Sie, bis jedes Sandkorn gut mit Ton umhüllt ist.

Fügen Sie Sand zu, bis die Mischung homogen ist; danach aber weitertanzen! Manche Leute finden es hilfreich, das Gemisch dünn auszubreiten – zirka 5 cm –, um sicherzustellen, dass alle kleinen Tonklumpen wirklich zerkleinert wurden. Wasser, das zu diesem Zeitpunkt dazugegeben wird, sollte nur die Bearbeitbarkeit erhöhen.

Die Plane macht es einfach, auch relativ schwere Materialien mit einzumischen: in der Mitte stehen, vorbeugen, einen Rand anfassen und zurückziehen. Durchziehen, bis sich das Material beim anderen Rand ansammelt. Zwei oder drei Leute

EINFACHERE MISCHUNGEN

Es ist zwar wesentlich leichter, eine nasse Mischung anstatt eine trockene Mischung zu erzeugen, aber es ist leichter, mit einer trockeneren Mischung zu bauen. Mischen Sie einen nassen Ofenlehm; trocknen lassen, bis eine gute Konsistenz gegeben ist. Der Ofenlehm kann für gewisse Zeit zugedeckt gelagert werden. Wenn Sie mit Ofenlehm in nassem Zustand bauen, sollten Sie den Ofen länger austrocknen lassen, bevor Sie mit der nächsten Schicht anfangen. Wenn Not die Mutter der Erfindungen ist, dann ist Bequemlichkeit möglicherweise ihr Vater ...

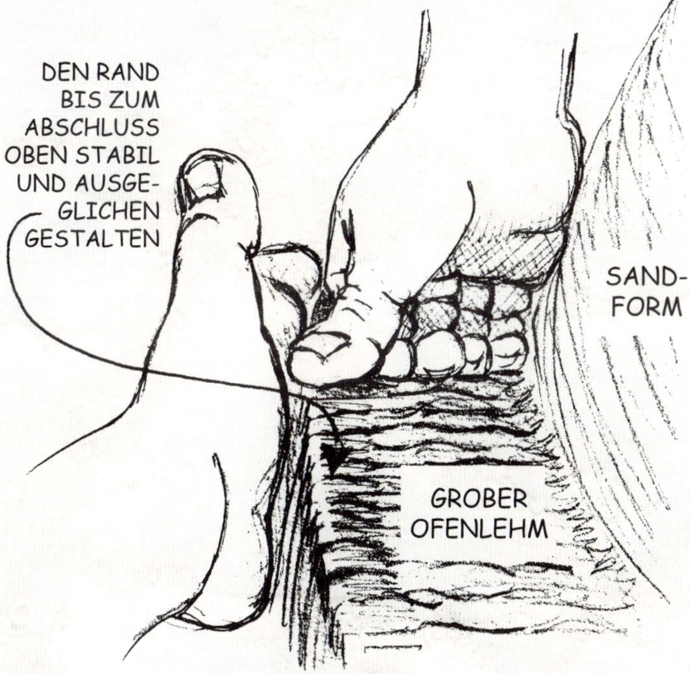

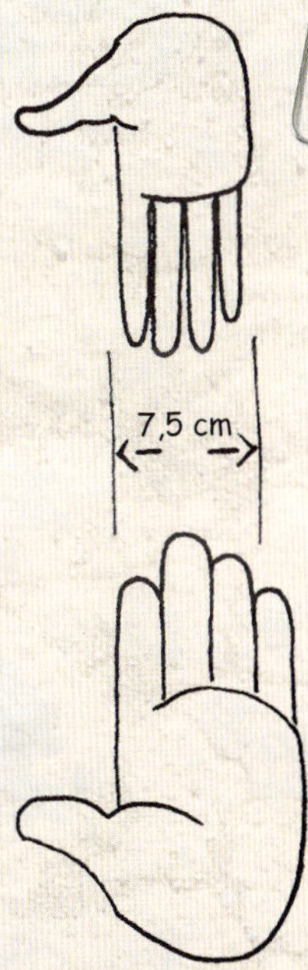

DIE HÄNDE ALS NORMALMASS NUTZEN

können einen guten Rhythmus entwickeln und eine hohe Geschwindigkeit erreichen. Ich ziehe vor, das gesamte Material gleich am Anfang zu mischen (eine Mischung umfasst etwa 3–6 Eimer). Danach kann ich meine Aufmerksamkeit hundertprozentig auf das Bauen richten.

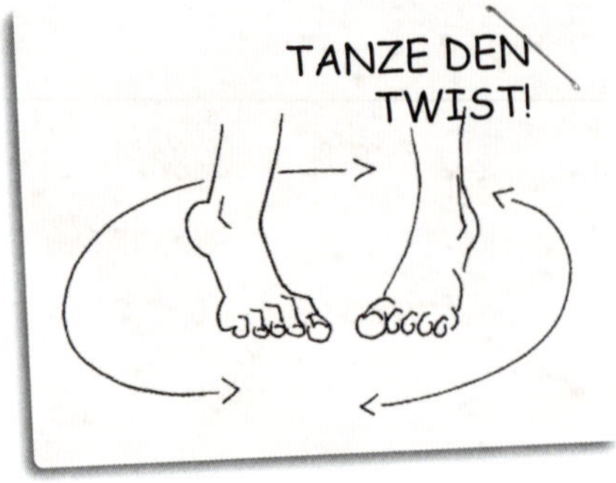

Eine Schicht besteht aus vielen Händen von Ofenlehm

Wenn der Ofenlehm fertig ist, eine Handvoll Ofenlehm nach der anderen rund um die Sandform drücken; daran denken, dass diese Schicht die Schamotten festhält. Während des weiteren Aufbaus das Material nach unten (statt nach innen) drücken, damit die Sandform erhalten bleibt. Den Ofenlehm mit sich selbst zusammendrücken, als ob es die Sandform nicht gäbe. Dies schont nicht nur die Form, sondern sichert auch, dass das Material gut mit dem Rest verbunden ist.

Diese Schicht wird 7,5–10 cm dick sein. Für einen Ofen, in dem voraussichtlich nur Pizza gebacken werden soll, braucht die Schicht sogar nur 5 cm dick sein (die hohe Masse, die für einen Brotofen von Vorteil ist, ist bei einem Pizzaofen, in dem ein Feuer während des Backens brennt, nicht nötig). Für die meisten Hausöfen, in denen nur eine oder zwei Ladungen Brot und Folgegerichte gebacken werden, *lautet meine aktuelle Empfehlung, die Schicht von Ofenlehm nicht dicker als 7,5 cm zu machen.* Beachten Sie

Am besten gelingt das Durchmischen der Bauerde mit bloßen Füßen auf einer Plane. ▼

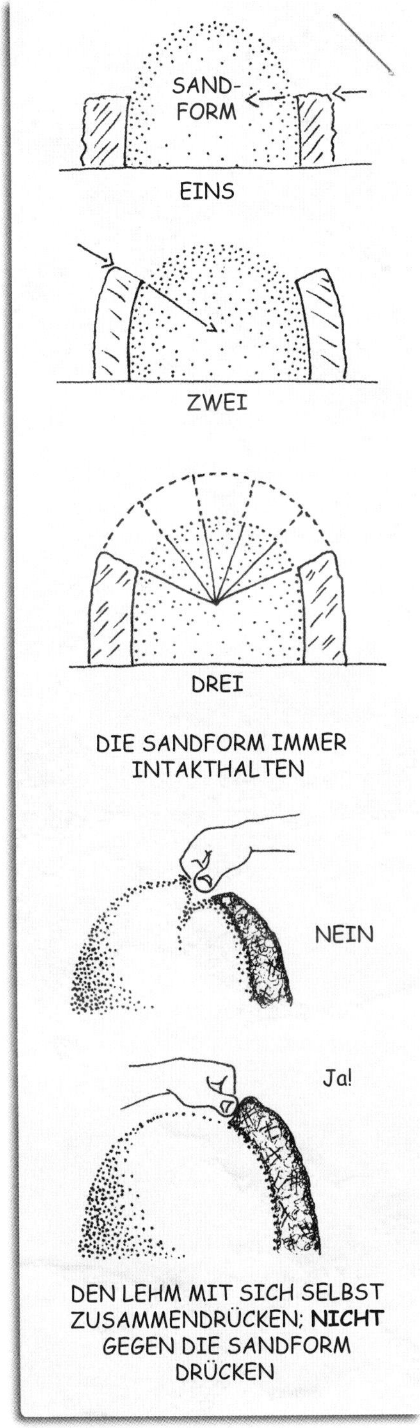

aber: *Die Isolierung ist ein Muss!* Eine Schicht, die mehr als 7,5 cm dick ist, benötigt ein viel längeres Einheizen, damit die ganze Masse angemessen aufgeheizt wird (meine unwissenschaftliche Daumenregel ist, eine Stunde je 2,5 cm Masse einzuheizen, damit jeder Zentimeter voll mit Hitze aufgeladen wird).

Nutzen Sie Ihre Finger, um die gleichmäßige Wanddicke zu erzielen. 10 cm bei meiner Hand sind „vier Finger plus ein bisschen" – eine leicht umsetzbare handliche Regel (absichtliches Wortspiel; siehe S. 73)!

Wenn Sie höhergehen, sollte sich diese Ebene gemäß der Form nach innen neigen (siehe Abb. links, Skizze „ZWEI" und „DREI").

Kleine Mengen Material verwenden und darauf achten, dass keine Hohlräume und keine weichen Stellen entstehen, an denen sich Ofenlehm und Sandform treffen. Während des Bauens ist die eine Hand eine Art Einschalung, gegen die der Ofenlehm mit der anderen Hand gepresst wird (siehe S. 73). Nur nicht schlagen oder klopfen, weil dies den Lehm weicher macht.

Wenn Sie einen Ziegelbogen gebaut haben, sollten Sie dort besonders vorsichtig sein, wo Sandform und Bogen zusammenkommen. Einen einzelnen Finger oder einen Stock benutzen, um Lehm in enge Ecken hineinzubringen.

So weitermachen, bis die ganze Sandform abgedeckt ist. Bedenken Sie auch, dass dieser Ofen eine Art Bildhauerei ist; treten Sie also hin und wieder zurück und betrachten Sie dessen Form: Ist sie gut? Gibt es tiefe Stellen? Hohe Stellen? Flache Stellen? Sie können mit einem ca. 50 cm langen Brett die ganzen Klumpen und flachen Stellen bearbeiten, bis alles zu glatten, gerundeten Kurven wird. Die Gesamtform bearbeiten, bis sie wie ein Ball oder ein Ei aussieht.

Nun das Ganze mit einem Brett oder Ähnlichem verdichten, indem die Ofenlehmschicht festgeschlagen wird. Diese sollte hart und glatt werden und robust klingen (siehe S. 68). Wenn unter dem Brett etwas herausgedrückt wird oder etwas am Brett klebenbleibt, heißt das, dass die Mischung zu feucht war. Bewahren Sie die Ruhe! Anstatt weiter auf die Ofenlehmschicht zu schlagen, schaukeln Sie nun das Brett hin und her sowie auf und ab – so wie bei der Sandform. Den Ofen in kleinen Kreisen zu reiben, kann auch wirksam sein. Den Lehm fest machen. Wenn er deutlich zu feucht ist, wird er umso mehr abbröckeln, je mehr Sie ihn bearbeiten. Halten Sie also in dieser Situation inne und lassen Sie den Ofen trocknen. Versuchen Sie es zu einem späteren Zeitpunkt wieder.

Die Sandform herausnehmen

Woher weiß man, dass es Zeit ist, den Sand herauszunehmen? Der Ofenlehm sollte innen (an der Form) fest genug sein, sodass Sie ihn mit dem Finger gerade noch einbeulen können. Je nach den Eigenschaften der jeweiligen Mischung kann das sofort nach dem Bau der ersten Schicht oder erst Tage später sein. Im Zweifelsfall warten! Rasch gebaute Öfen können einstürzen, besonders wenn die Kuppel etwas flach oder eher groß ist. (Falls es Ihnen passiert, dass der Ofen tatsächlich einstürzt, keine Sorge! Das zweite Mal geht es immer schneller und leichter.)

Den Sand möglichst mit den Händen aus dem Ofen herausholen, da man es nicht leicht merkt, wenn man mit einem Stock oder einem anderen Werkzeug damit anfängt, Material der Ofenlehmschicht abzutragen. Je mehr Sie von unten wegnehmen, desto mehr löst sich der Sand von den Wänden von selbst. Lange Arme, ein Werkzeug und eine Taschenlampe können bei schwer erreichbaren Stellen hilfreich sein. Nachdem der Sand weggeräumt ist, das Zeitungspapier ablösen. Mögliche raue oder lose Stellen an der Innenwand können mit der Rückseite eines Löffels geglättet und verdichtet werden.

In diesem Stadium der Arbeiten können Sie auch eine Pause

Hier wird ein Ofen aus Lehmziegeln mit Ofenlehm ummantelt.

Trocknungszeit: Dieser Ofen war komplett fertiggestellt, bevor der Sand ausgeräumt wurde. Bis der Ofenlehm und die Isolierung wirklich trocken waren, dauerte es schon etwas. Der Trocknungsvorgang wurde mit einem Feuer beschleunigt. ▲

Ein Feuer zum Austrocknen: Vorne anfangen und das Feuer kleinhalten. Wenn es gut brennt, nach hinten schieben. Es sollte genügend Raum haben, um hell und lebendig zu brennen. ▲

in Erwägung ziehen. Jede Schicht trocknet individuell schneller aus, als wenn sie alle gleichzeitig gebaut werden. (Der Ofen trocknet auch schneller aus, sobald der Sand entfernt ist.) Machen Sie sich keine Sorgen wegen der Bindung zwischen den Schichten des Ofens, denn jede Schicht funktioniert eigenständig und stützt sich von selbst ab.

Mit dem Grundofen sind Sie nun bereits fertig! Sobald der Sand draußen und der Ofen trocken ist, können Sie damit schon backen. Wenn Sie gleich beginnen wollen, dann setzen Sie sich mit dem Kapitel Feuern und Backen auseinander. Wenn Sie ein paar Mal mit dem Ofen gebacken haben, werden Sie den Unterschied zwischen einem nichtisolierten und einem isolierten Ofen beurteilen können.

Siebenter Schritt: Den Ofenmund öffnen

Die einfachste handgefertigte Öffnung

Mit einem großen Löffel oder etwas Ähnlichem eine Linie durch die feuchte Mischung ziehen und schneiden. Die Höhe der Öffnung sollte 63 % der Höhe der Sandform betragen. Da meine Standardsandform 40 cm hoch ist, ist meine

Die Höhe der Ofenmundöffnung sollte 63 % der Höhe der Sandform betragen. ►

Standardöffnung 25 cm (0,63 x 40 cm = 25 cm) hoch. Die Breite der Öffnung ist bei mir halb so breit wie der Ofendurchmesser (ca. 30 cm).

Die Schnittlinie sollte schräg sein, sodass die Tür nachher nicht nach innen fällt. Daher ist die Innenkante des Schnitts niedriger als die Außenkante. Die Höhe sollte von dem tiefsten Punkt, also innen, gemessen werden. Nachdem die Öffnung ausgeschnitten wurde, die Kanten mit einem Löffel glätten, um sie geschmeidig und stabil zu machen.

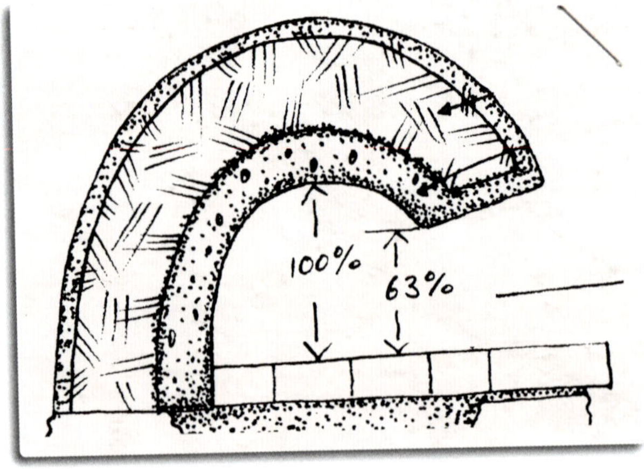

WARUM 63 %?

In ihrem Standardwerk The „Bread Ovens of Quebec" untersuchten Boily und Blanchette Hunderte von kanadischen Tonöfen; dabei stellte sich heraus, dass die durchschnittliche Höhe des Ofenmundes bei den besten Öfen 63 % der Innenhöhe entsprach. Schlechtere Öfen wurden mit Ent- und Belüftungen versehen, um den Luftzug und den Brennvorgang zu verbessern.

Achter Schritt: Die zweite Schicht Isolierung

Die Isolierschicht ist nichts anderes als eine 10 cm dicke Schicht der Sägespäne-Ton-Mischung, die auf die Ofenlehmschicht aufgebracht wird. Falls Sie keinen Türbogen gemacht haben, wäre dies ein guter Zeitpunkt, um das Ofenmundloch auszubauen (siehe S. 62). Dieser Isolierstoff wird genauso gemischt wie die Unterbodenisolierung (siehe S. 56 ff.).

Den ganzen Ofen mit der Sägespäne-Ton-Mischung genauso wie mit dem Ofenlehm abdecken. Es geht relativ schnell, da das Material sich leicht verlegen lässt und es gar nicht so kompakt sein muss. Schließlich ist der Sinn der Sache, dass unzählige kleine Luftblasen entstehen.

Wenn Sie mit Dicke und Form der Isolierschicht zufrieden sind, können Sie hier pausieren und sie trocknen lassen. Natürlich können Sie aber auch weitermachen. Der letzte Schritt ist der Putz, dem ein eigenes Kapitel gewidmet ist.

ACHTUNG

Wenn Ihre Sägespäne sehr fein sind, kann es von Vorteil sein, den Ofenlehm ganz austrocknen zu lassen, bevor Sie mit der Isolierung beginnen. Feine Sägespäne halten viel mehr Wasser, das in die Ofenlehmschicht einsickern kann; das macht den Ofenlehm weich und erhöht das Einsturzrisiko!

Lehmofenskulpturen und -dekorationen

Eine gute Form

Gut verputzt und gefertigt sieht Ihr Ofen sehr ansprechend aus, fast wie ein Ei. Die Isolierschicht wirkt typischerweise sehr grob, aber je nachdem, wie genau Sie gearbeitet haben, könnte Ihr Ofen schon nach diesem Schritt fast fertig aussehen. Eine Schicht Lehm- oder Kalkputz indes bietet eine härtere, beständigere Oberfläche zum Dekorieren und Formen an als eine weiße Wand.

Wenn Sie ambitioniert sind und sich in einer filigraneren und komplexeren Bildhauerkunst versuchen wollen, dann versuchen Sie doch einmal, Modelle aus Lehm oder purem Ton zu machen. So finden Sie heraus, was Ihnen gefällt und können Ihre Ideen dreidimensional umsetzen. Sie können aber auch grobe Formen direkt auf dem Ofen aufbauen, um zu neuen Gesamteindrücken zu kommen.

Wenn es darum geht, „Extremitäten" oder sonstige Elemente zu gestalten, die vom Ofen wegweisen, müssen Sie größere Massen selbsttragenden Materials aufbauen. Nasser Lehm hat zwar seine Grenzen, aber eine Stabilisierung kann vieles möglich machen.

Bildhauerisch und baulich genutzter Lehm

Stroh macht nassen Lehm wesentlich stärker und so können Sie Lehm als Gliedmaßen und Ausbuchtungen formen, die sich selbst tragen, während sie trocknen.

Das Hinzufügen von Stroh ermöglicht auch, dass das Material viel nasser als Ofenlehm gemischt werden kann. Wie viel Wasser dazu kommen kann, hängt von der Menge Stroh ab, die dazukommt. Im Allgemeinen kann man sagen, dass der Lehmanteil eine Konsistenz

Zur bildhauerischen Gestaltung des Lehmbackofens muss der Lehm z. B. mittels Stroh stabilisiert werden, um größere Mengen Lehm auftragen zu können. ▲

Mit Stroh vermengter Ofenlehm wird viel feuchter verarbeitet als reiner Lehm. ▲

Auch für Isolierzwecke kann man dem Ofenlehm Stroh beimengen. ▲

zwischen Haselnusscreme und Joghurt haben kann. Je mehr Sie herumexperimentieren, desto mehr sehen Sie, dass Mischungen mit mehr Stroh und mehr Wasser ein sich selbsttragendes Material hervorbringen, das die bildhauerischen Möglichkeiten erhöht. Wahrscheinlich werden Sie sich leichter tun, mit Lehm, der nicht steifer als Haselnusscreme ist, anzufangen; dann werden Sie die voraussichtlich benötigte Menge an Stroh dazugeben und zu experimentieren beginnen. Das Ganze erfolgt natürlich auf einer Plane. Falls es Überbleibsel an Ofenlehm gibt, kann dieser angefeuchtet und damit begonnen werden.

Weniger Wasser und weniger Stroh dazuzugeben, ergibt eine geschmeidigere Mischung, die sich wie ein Fetttropfen verhält; das heißt, sie breitet und dehnt sich unter ihrem eigenen Gewicht aus, was Ihre Bautätigkeiten einschränkt.

Verankerungsblock, Schnur und Draht halten nassen Lehm: Der Draht ist an ein Stück Holz befestigt, das im Lehm vergraben ist; am anderen Ende hält er das Rohr gegen das Gewicht des Lehms senkrecht. Als wir höherbauten, fixierten wir den nassen Lehm mit einer Schnur. Sobald er trocken war, hat er sich von selbst gehalten. (Foto: N. Waddoups) ▲

Sie müssen dann sowieso aufhören und das Ganze austrocknen lassen. Andererseits kann dies auch vorteilhaft sein, wenn es Ihnen lieber ist, zum Schluss Material wegzuschneiden. Im beinahe trockenen Zustand kann Lehm relativ leicht mit einem Hammer, einer kleinen Axt, einem Fleischerbeil oder einer Machete bearbeitet werden.

Rezept für traditionellen Baulehm oder formbaren Lehmschlamm für die Bildhauerei

Zum Ofenlehm ist Folgendes zu addieren:

- **Wasser:** Üblicherweise wird Wasser schon vor dem Stroh dazugemischt, da es so leichter einzumischen ist. Die Menge an Wasser bedingt teilweise, wie viel Stroh noch dazukommen kann. Mit Erfahrung werden Sie ein Gefühl dafür entwickeln, was funktioniert und was Sie brauchen. Kleinere Mengen verschiedener Mischungen können auch gemacht werden, um herauszufinden, welche Mischung zu welchem Zweck geeignet ist.
- **Stroh** für flexible Festigkeit (erfüllt denselben Zweck als Bewehrungsstäbe in Beton): Nach der Getreideernte bleibt nichts mehr über als dieser strapazierfähige, holzige Stoff. Je länger und hartnäckiger, desto besser kann es alles zusammenhalten, besonders im nassen Zustand. Demgegenüber wird Heu geschnitten, bevor die Pflanze Samen setzt und abstirbt. Das heißt, die Halme haben noch Wert als Futter, das Bakterien und Insekten gerne fressen. Daher ist Heu dem Stroh als Bewehrungsmaterial in Lehm weit unterlegen.

Einige Tricks

Dünne, aber dafür starke bauliche Elemente können aus einem „Strohflechtwerk" gemacht werden. Ein Strohflechtwerk besteht aus langem Stroh, das mit dickem pastigem Lehm (Konsistenz wie Mayonnaise oder Butter bei Zimmertemperatur) kombiniert wird. Tauchen Sie eine Handvoll Stroh in den pastigen Lehm und formen Sie ein Seil damit. Eine andere Methode: Pastigen Lehm auf eine Plane schmieren, mit Stroh bestreuen und zusammenrollen.

Um Elemente, die vorspringen oder sich unsicher neigen, zu befestigen, Holzstücke als Verankerungsblöcke wie folgt einbetten: Zuerst

Künstlerische Details geben Ihrem Lehmbackofen ein individuelles Gepräge. ▲

ein Stück Naturfaserschnur oder Draht am Holz befestigen. Danach das Stück gut in Lehm sichern. Die Schnur verwenden, um Gliedmaßen zu sichern oder als Armierung gebrauchen, um Strohflechtwerkstreifen zu binden. Nach dem Trocknen sind sie extrem fest und stark und sind auch relativ leicht (sie trocknen aber langsam). Stoffe oder Stecken können zu ähnlichen Zwecken auch brauchbar sein. Generell lautet meine Empfehlung: Verwenden Sie Ihre Vorstellungskräfte, um neue Wege zu finden!

Stroh gibt unverputztem Lehm ein Aussehen wie eine haarige Bestie. Eine Detailkonstruktion kann zu diesem Zeitpunkt beinahe unmöglich sein; es wird leichter, sobald es ein wenig getrocknet hat.

Mit Strohflechtwerk bildhauern: Flechtwerk aus Stroh kann verwendet werden, um feine Details zu gestalten, auch wenn diese am Anfang verschwommen und grob erscheinen mögen. Es bringt viel, wenn die Tonmischung stimmt. Es braucht allerdings viel Zeit, um diese zu trocknen. ▲

Auch für Isolierzwecke kann man dem Ofenlehm Stroh beimengen. ▲

Nun mal zurücktreten! Man bekommt erst das Gespür für das Gesamtbild, wenn man es sieht und man sieht das Ganze nicht aus 20–30 cm Entfernung! Den Ofen immer kritisch betrachten, indem man ständig den Standpunkt wechselt.

Alle Formen können als eine Anhäufung ebener Flächen gesehen werden. Eine gekrümmte Fläche besteht aus vielen kleinen, ebenen Flächen, die zusammengefügt werden. Größere Flächen können mit einem Brett, einer Maurerkelle oder einem Messer geformt werden. Im Laufe Ihrer Arbeit bekommen Sie immer mehr Gespür dafür, wie die Flächen miteinander verbunden werden.

Die richtigen Werkzeuge helfen Ihnen, Ihre Formen und Ihre bildhauerische Linien zu verfeinern. Macheten, kleine Holzhacken, Löffel und Messer sind zwar Lieblingswerkzeuge von mir, Sie sollten aber sehen, dass Sie mit dem, was Sie haben, zurechtkommen: Küchenutensilien, Maurerkellen, Stecken, Steine usw. Kleine Stäbe mit geschnittenen oder weggebrochenen Enden ergeben hervorragende Muster und Textur auf Oberflächen. Stücke von Keramikplatten oder Kacheln, Holz, Gestein, Glas oder was es sonst noch gibt, direkt in den Lehm einzulegen, geht auch: Allerdings erfolgt dies am besten bei der Endputzschicht ...

Lehmputz

Wenn Sie die Form des Ofens verfeinern, werden Sie zu dem Punkt kommen, an dem Sie feineres Material brauchen, um Details zu fertigen. Dieser Putz wird mit kürzerem Stroh und vielleicht auch feinerem Sand gemacht. Putz ist eine Art Oberbegriff, unter den alles von echter Erde über Gips und Kalkputz bis hin zu traditionellen afrikanischen Mischungen aus Mist und Ton subsumiert wird. Alles was Schlamm ist, kann auch ein Putz sein (umgangssprachlich wird Putz im Englischen als „Mud", sprich Schlamm, bezeichnet).

Zusätzlich zum feineren Sand und zu feineren Fasern hat der Lehmputz einen höheren Anteil an Sand, damit Risse vermieden werden. Lehmputz verbindet sich mit den meisten Oberflächen; manchmal werden noch klebrige Bindemittel zugefügt. Er klebt besser, wenn die Oberfläche dessiniert (strukturiert) ist – besonders, wenn es um einen dickeren, festeren Putz geht.

Ein allgemeines Putz-Rezept

- Ein Teil Bauerde (gesiebt, wenn der Putz feiner sein sollen).
- Drei bis vier Teile feiner Maurersand oder normaler Betonsand (auch je nach Bedarf gesiebt).
- Gerade genügend Wasser (zu viel Wasser verursacht Rutschungen bzw. Risse).
- Ein halbes Volumensteil (mehr oder weniger) feine Fasern (kurze Stücke von ca. 6 mm Länge oder weniger, für Detailarbeiten und/oder dünne Schichten).
- Wahlweise: ein Klumpen Weizenpastenbinder (siehe Anmerkung auf S. 86).

Den Putz testen

Ungefähr zwei Eimer Lehmputz sollten genügend Material sein, um einen 60 cm-Ofen 2 cm vollständig zu verputzen. Falls

Ofenlehmreste vorhanden sind, können einfach Wasser und Stroh dazugegeben werden; die Masse vor Beginn der Arbeiten aber testen. So viel Putz auf ein Brett oder auf eine Wand aufbringen, wie Sie es beim Ofen für nötig halten; dann trocknen lassen. Risse bedeuten, dass noch Sand gebraucht wird. Wenn der Putz weich oder bröckelig ist, Bauerde/Ton dazugeben.

Afrikanische Putze

Im südlichen Afrika gibt es den „Dagga", einen Putz aus Mist und Ton. Es ist angenehm, damit zu arbeiten; dieser Putz ist beeindruckend robust und wasserbeständig. Er ist zwar nicht wasserdicht (dies wäre sowieso nicht wünschenswert), aber es scheint, dass das Einsickern von Wasser begrenzt bleibt. Bei einem farbigen Ton könnte der Einsatz von „Dagga" der beste Weg sein, diesen dekorativ zu verwenden. Mist kann auch in einem normalen Lehmputz verwendet werden, wobei ich in der Regel halb so viel Mist wie Bauerde verwende.

Das Mischen eines Putzes

Die Erinnerung an die Mischungsverhältnisse des Ofenlehms können beim Putz nützlich sein. Im Prinzip entsprechen die Grundlagen des Putzes dem Ofenlehm, aber es ist alles feuchter und geht schneller vonstatten. Wenn Sie trockene Fasern verwenden, wie zum Beispiel geschnittenes Stroh, lassen Sie sie trocknen und mischen Sie sie erst zum Schluss dazu – bei Bedarf mehr Wasser zuschütten. Bei bereits nasser Faser können Sie diese schon zu Beginn dem Lehm beimengen.

Kleine Faserkunde

- **Mist** sollte von Weidetieren stammen; es wird zwar einen „kräftigen Geruch" haben, aber nicht streng riechen. Bitten Sie einen freundlichen Bauern um Zugang zu seinen Weiden. Frischer Mist ist ausgetrocknetem überlegen, da die noch lebendigen Enzyme vom frischen Mist zu einem lebendigeren Putz führen. Als Wiederkäuer produzieren Kühe feinere Fasern aus Gras als Pferde. Mist von Schafen, Ziegen, Hasen oder Rehen dürfte auch funktionieren, dieser ist allerdings schwieriger zu sammeln. Bereits kompostierter Mist geht nicht, da hier schon alle Fasern zersetzt sind. Falls Sie sich im Hinblick auf die Übertragung von Krankheiten Sorgen machen oder Sie hier einfach ein wenig empfindlich sind, verwenden Sie am besten Gummihandschuhe.
- **Zerkleinertes Stroh:** Stroh kann mit einer Machete zerkleinert werden – seien Sie aber vorsichtig! Ein anderer Trick ist, Stroh in einem großen Abfalleimer mit der Motorsense (Rasentrimmer) oder einem Abfall-Shredder zu zerkleinern. (Verwenden Sie hierfür eine Plane, um alle feinen Stücke aufzufangen. Feineres Material kann danach mit einem Sieb separiert werden.)
- **Rohrkolben oder sonstiger faseriger Flaum** lässt sich am besten zu der Zeit ernten, wenn die Samen reif sind und sich leicht vom Halm trennen lassen. Manche Leute finden es einfacher, den Flaum mit Wasser zu mischen, bevor die Fasern in den Putz gegeben werden.
- **Diverses:** Eingeweichtes, eingeschlagenes Zeitungspapier wäre

zwar faserig, ist aber nicht so gut zu handhaben; Pferdehaare, und zwar die kürzeren Haare vom Körper, funktionieren gut; fein zerhackter Sisal geht auch gut. Fussel vom Wäschetrockner gingen möglicherweise (?). Probieren Sie es einmal aus!

Ich mache üblicherweise Lehmputzmischungen, die ein wenig nasser als Haselnusscreme sind, und danach passe ich die Mischung entsprechend an. Wasser lässt sich leichter zufügen als wegnehmen! Das Trocknen einer feuchten Mischung heißt, sie auf einer Plane auszubreiten und zu warten – oder Sie mischen noch etwas an trockenem Sand und Bauerde dazu, was aufwändig sein kann.

Wenn Sie das Stroh anfeuchten, können Sie es gleich dem Putzlehm beimengen. ▲

Eine Sammlung gut verwendbarer Werkzeuge

Tipps für dekorative Anwendungen

Das Verputzen mit Lehm ist purer Genuss, es kann mit der Glasur eines Kuchens und mit Fingermalerei verglichen werden. Die zu verputzende Fläche vorbereiten, indem man sie einritzt und nass macht; das hilft dem Putz, klebenzubleiben. Eine Maurerkelle oder schlicht die eigenen Hände verwenden. Meistens geht es mit einer einzigen Bewegung am besten, anstatt mit zwei oder drei, um den Putz verlässlich an die Wand zu bekommen.

Die Dicke kann je nach Bedarf und Vorliebe 2 mm bis zu 5 cm oder mehr betragen. Eine dickere Schicht kann allerdings zu Problemen führen, da ein schwerer Lehmputz leicht nachgeben, reißen oder abbrechen kann. Andererseits: Wenn Sie dem Putz mehr Oberflächenstruktur bieten können, wie zum Beispiel tiefere Dessinierungen, Latten, eingehämmerte Stöcke, dazugeklebte Jute oder Bindegarn, ist eine dickere Putzschicht durchaus möglich.

Weizenkleber für eine glattere und robustere Verputzung

Eine Weizenpaste macht den Putz klebriger und glatter. Ich gebe sie bei Bedarf bei, und zwar eher nach Gefühl als nach genauen Maßgaben. Die Weizenpaste aus einem dünnen Teig aus Mehl und kaltem Wasser (keine Klumpen!) herstellen und ins kochende Wasser rühren, bis diese zu einem dickflüssigen Klebstoff wird.

Eine oder zwei Tassen davon machen aus einer Schubkarre voller sandigem, losem Lehmputz einen „fetten", bindenden Putz (nicht so gut funktioniert es, wenn Sie Klebstoff in Pulverform aus dem Handel verwenden, welchen Sie in manchem Farben- oder Tapeziergeschäft finden. Außerdem sollten Sie Materialien, die synthetisches Vinyl enthalten, vermeiden!).

Den Putz in kleinen Kreisen mit der Hand oder Werkzeugen glatt machen. Bei jedem Werkzeug kann ein anderer Effekt auftreten: Holz ergibt eine subtile Textur, Metall eine härtere Politur. Mit bloßen Händen können Sie Finger- und Handabdrücke sowie sanft-wellenförmige Flächen machen.

Um eine harte „polierte" Oberfläche zu erzielen, warten, bis der Putz steif wird, aber noch dunkel von Feuchtigkeit ist (wenn Sie sich hier unsicher sind, testen!). Dann ein Hartholzbrett nehmen und einen Stein oder die Rückseite eines Löffels in kleinen Kreisen auf der Oberfläche reiben.

Textur bringt, allgemein gesagt, Abwechslung und Fülle (besonders wenn gefärbt) und erhöht die optische Wirkung. Kratzen Sie zum Beispiel mit einer Gabel Figuren in die Oberfläche. Oder drücken Sie einen Löffel hinein und betrachten Sie das Ergebnis. Finger wirken anders als Fingernägel, weiches anders als hartes Plastik usw. Eine Bürste, die über eine nasse Oberfläche gezogen wird, ergibt ein wundervolles Muster, das je nach Borstenhärte und -art variiert. Probieren Sie einen Besen oder Kämme aus. Schauen, wie es wirkt, wenn Sie in die eine und dann in die andere Richtung gehen. Aufzeichnungen machen. Andere Kinder einladen, um mitzuspielen!

Kalkputz

und andere wasserabweisende, atmungsfähige Putze

Kalkputze sind traditionell auf der ganzen Welt verbreitet, besonders im Lehmbau. Ein Kalkputz bewirkt eine harte, wasserabweisende Oberfläche und lässt sich gut bemalen, allerdings kann es kniffelig sein, die richtig Konsistenz zu finden. Es ist bereits schwierig, den traditionellen Sumpfkalk zu finden, als Alternative können Sie aber auch einen Sack trockenen Löschkalks gut verwenden.

Löschkalk – verglichen mit Boden- bzw. Düngekalk

Bodenkalk, der zum Entsauern von Boden verwendet wird, ersetzt auf keinen Fall Löschkalk, der im Baumarkt sowie manchmal auch im Gartenhandel zu finden ist.

Die Herstellung von Löschkalk beginnt mit dem Erhitzen von Kalk auf 815 Grad, wo er zum Branntkalk wird. Wenn er mit Wasser gemischt wird (das „Löschen"), wird Hitze erzeugt und Kalkhydrat produziert. Kalkhydrat hat eine begrenzte Lagerfähigkeit, außer wenn er mit Wasser gemischt wird, um Sumpfkalk zu machen, der nass gelagert werden sollte.

Chemisch gesehen geht der Kalkkreislauf so:
$(CaCO_3)$ + Hitze – (CO_2) = (CaO)
+ (H_2O) – Hitze = $(Ca[OH]_2)$
– (H_2O) + (CO_2) = $(CaCO_3)$

ACHTUNG

Löschkalk ist kaustisch; Kalk selbst zu löschen, kann gefährlich sein; informieren Sie sich und seien Sie vorsichtig!

Der Grundkalkputz besteht aus drei bis vier Teilen Sand, einem Teil Kalk und gerade genug Wasser, um ihn verarbeitbar zu machen. Je länger der Sumpfkalk gelagert wird und je länger der Putz an der Wand ist, desto härter wird er. Pferdehaar ist die traditionelle Faser für einen Kalkputz, Stroh und Mist funktionieren aber auch.

Raphaels Gemälde in der Sixtinischen Kapelle und Diego Riveras Wandmalereien wurden auf frischem Kalkputz gemalt (daher „Fresko"); deren Farbpigmente stammten von unterschiedlichen Erden und von Gesteinsmehl, die mit etwas Sinterwasser gemischt wurden (das entweder oben, als überstehendes Wasser, anfällt, oder durch Zugabe einer sehr kleinen Menge Sumpfkalk in eine größere Menge Wasser entsteht).

Farbe

Wenn ich farbige Erde finde, nehme ich sie mit und behalte sie. Hier im Westen Oregons finde ich gelbe, orange, rote, braune und schwarze Erde. Seltener findet man weiß, blau, grün oder purpur. Betonpigmente funktionieren jedoch auch gut. Die meisten sind aus Eisenoxid, sehr wirksam in kleinen Mengen und daher relativ billig im Baumarkt erhältlich.

Farben können entweder direkt in den Putz gemischt oder am Schluss, nach der Aufbringung an der Oberfläche, aufgetragen werden. Eine selbstgemachte Farbe kann aus Pigmenten, Wasser und einem Binder, wie Tapetenkleister, Wasserglas, Kasein (Milcheiweiß) usw., hergestellt werden. Probieren Sie die uralte Technik der Höhlenbewohner aus und blasen Sie trockenes Pulver direkt auf die Wand. Der Grundkalkanstrich besteht nur aus Kalk und Wasser; Sie können Pigmente dazugegeben, um daraus einen Farbanstrich zu machen.

ACHTUNG

Wenn Sie ein großes Spektrum an Farben haben wollen, seien Sie vorsichtig. Manche blauen, gelben und grünen Farben (besonders diejenigen, die zum Töpfern verwendet werden) können extrem giftig sein (voller Schwermetall). Die sind auch bei Hautkontakt gefährlich. Analysieren Sie, woraus Ihre Farben sind. Alles was Pulver ist, kann den Lungen gefährlich werden. Vermeiden Sie es, den Staub einzuatmen!

Bedienungsanleitung für einen Lehmbackofen

„Learning by doing"

Sie werden am besten lernen, wie Sie mit Ihrem Ofen backen, wenn Sie ihn einfach verwenden. Erfahrungen verfeinern Ihre Fähigkeiten und Erfahrung plus Menschenverstand ergibt Wissen. In diesem Kapitel werden die Grundlagen des Einheizens des Ofens und des Backens angesprochen, wobei Ihnen im 6. Kapitel das Grundwissen für einen gelungenen Umgang mit dem Ofen nähergebracht wird.

„Ofenholz" ist der beste Brennstoff

In früheren Zeiten wurden Backöfen mit Reisigbündeln geheizt. Bei mir zu Hause kommt alles in den Ofen – von alten Tomatenstöcken, Bauholzresten und Gehölzschnitt bis zu Holzstücken, die für den Heizofen zu groß sind. Weichholz sowie Hartholz können verwendet werden, allerdings hat Hartholz einen höheren Brennwert. Kleiner ist besser! Darum eine Holzhacke in der Nähe des Ofens lagern.

Halten Sie Ausschau nach Gehölzschnitt von Gärtnereien, städtischen Parkanlagen oder Obstbaubetrieben. Fragen Sie danach, ob Sie es nicht abholen können, bevor es durch den Häcksler läuft. Wenn Sie Obst- oder Schnaitelbäume haben, kann natürlich deren Schnittgut auch zum Einsatz kommen. Frisch geschnittenes Holz muss an der Luft je nach Größe mindestens mehrere Monate trocknen, oder Sie können das Holz nach dem Backen bei (relativ kühler) Nachhitze schnell im Ofen austrocknen.

Andere mögliche Quellen sind Schreinereien und Möbeltischlereien, die ihr Restholz oft wegwerfen oder verkaufen. Alte Paletten können zerkleinert werden. Bauunternehmer sind manchmal froh, wenn sie sich die Entsorgung sparen können und Sie Holz, das sonst weggeworfen würde, abholen. **Achtung:** Holz, das behandelt oder gestrichen wurde oder sonst toxisch sein könnte, sollten Sie auf jeden Fall vermeiden.

Ist der Lehmbackofen erst mal richtig aufgeheizt, lässt sich darin ein ganzes Festmahl zubereiten. ▲

Das Ofenholz trocknen

Wenn Holz feucht ist, gibt es beim Brennen Dampf ab, der das Feuer kühlt und schwächt. An der Luft getrocknetes Holz enthält etwa 12–20 % Feuchtigkeit, ofengetrocknetes Holz jedoch nur 6 %. Wenn also 10 kg Holz bei 20 % Feuchtigkeit 2 kg Wasser (was gleich 2 Liter ausmacht) enthält, klingt das in etwa wie der Versuch, bei Regenwetter das Feuer aufrechtzuerhalten.

Ihr Ofen kann hier ein hervorragender Trockner sein, der 50–75 % der restlichen Feuchtigkeit aus dem Holz treiben kann. Mit diesem minimalen Aufwand reduzieren Sie den Brennstoffverbrauch und heizen den Ofen schneller und leichter. Sobald der Ofen auf unter 120 Grad abgekühlt ist, füllen Sie ihn für das nächste Feuer voll mit Holz.

ACHTUNG

Holztrocknen im Ofen bei höheren Temperaturen kann gefährlich sein, besonders wenn der Ofen täglich genutzt wird und die Temperatur praktisch nie unter 95 Grad sinkt. Flüchtige Bestandteile, die aus dem Holz getrieben werden, können bis zur Isolierung gelangen, wo sie kondensieren und wieder entzündet werden können. Das ist natürlich nicht ungefährlich, besonders wenn brennbare Gegenstände in der Nähe sind.

Kleine Stücke verwenden

Dünnes Holz oder kleine Stücke bieten im Verhältnis mehr brennbarere Oberfläche als dickere, größere Stücke (ich finde eine Stärke von ein paar Fingern Breite optimal; siehe nächste Seite). Am besten ist es, kleine Mengen Holz schnell, heiß und vollständig zu verbrennen und

Kleingespaltenes Holz ermöglicht aufgrund der größeren Oberfläche ein leichteres Anzünden und ergibt auch eine höhere Hitze. ▲

gegebenenfalls nachzulegen. Versuchen Sie, das Feuer so zu stabilisieren, dass die *ganze* Backfläche gut geheizt wird (was für Pizzen besonders wichtig ist). Wenn alles, das wir zur Verfügung haben, nur aus großen astigen Stücken besteht, die nicht mehr zu zerkleinern sind, lasse ich ein oder zwei größere Stücke auf einmal im Ofen brennen – mit kleineren Stücken dazu, um alles stabil und heiß zu halten.

Brennstoffverbrauch

Vor einiger Zeit entschloss ich mich, einmal meinen Brennstoffverbrauch zu beobachten. Allein dadurch, dass ich nur mehr kleine trockene Holzstücke verwendet habe, konnte ich die Feuerungszeit um ein Drittel und den Verbrauch um die Hälfte reduzieren. Jetzt liegt die typische Menge für unseren Ofen mit einer Backfläche von einem halben Quadratmeter knapp unter dem, was in den Ofen hineinpassen würde. Zuletzt konnten wir innerhalb von 40 Minuten gutes hartes Holz im Ofen verbrennen; wir lassen aber den Ofen zwei Stunden und etwas länger brennen, um die Tiefenhitze zu nutzen (mit der wir 10 kg Sauerteig und was immer anstehen mag, backen können).
Warum so ein großer Unterschied? Vermutlich sind die physikalischen Prozesse, die hier wirken, sehr komplex, aber diese sind vermutlich weniger ausschlaggebend als die Brennholzqualität und die Holzstücke mit großer Oberfläche. Das Wichtigste ist, Verschiedenes auszuprobieren und davon zu lernen!

Ein brennendes Feuer muss atmen – Gib ihm Luft!

Das Holz lose und locker im Ofen stapeln. Wenn der Ofen zu voll ist, tendiert er dazu, langsam, rauchig und kühl zu brennen. Es wird bei einem vollen Ofen auch viel mehr Holz gebraucht, um auf eine gute Backtemperatur zu kommen.

Rauch bedeutet, dass das Feuer erstickt. Luft muss bis ganz hinten in den Ofen gelangen können. Beobachten: Kleine Stecken oder

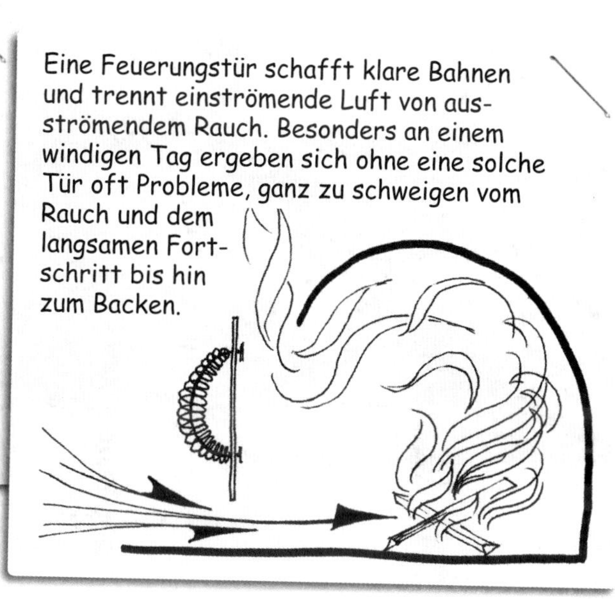

Holzstücke blockieren vielleicht die Luftströmung. Bewegen Sie diese. Versuchen Sie, brennende Flammen bis ganz nach hinten zu schaffen. Experimentieren Sie! Im Allgemeinen fange ich vorne an und danach schiebe ich das Feuer nach hinten; je nach Bedarf gebe ich noch Holz dazu, um es lebendig zu halten. Zum Schluss breite ich die noch glühenden Holzstücke aus, um die letzte Hitze aus ihnen zu gewinnen. Dann putze ich den Ofen aus.

Den Brennvorgang mit einer Feuerungstür verbessern

Das offene Ofenloch lässt Luft rein und Rauch und Abgase raus. An windstillen Tagen ist die Grenze zwischen einfließender kühler Luft und ausfließendem heißem Rauch sogar sichtbar. Wenn es stürmt, können jedoch auch minimale Luftströmungen diesen Austausch von einfließender Luft und ausfließendem Rauch stören oder sogar verhindern. Eine Feuerungstür ist hier ein wirksames Hilfsmittel; ich habe meine aus einem halbzylindrischen Stück Blech, das ich aus einem alten Boiler geschnitten habe, gefertigt, aber es dürfte jedes unverzinkte Blech funktionieren. Die Seiten sollten eng gegen den Ofenmund anlehnen, unten sollte unterlegt werden, damit frische Luft herein kann. Die Feuerungstür wird dann wie ein Rauchabzug wirken, indem es den Rauch hinauf- und herausleitet und damit hilft, einen Teil der strahlenden Hitze wieder in den Ofen zurückzustrahlen. Das Ganze ermöglicht ein effizienteres und heißeres Feuer.

Um einen Griff zu machen, habe ich einen steifen Draht benutzt, den ich wiederum lose mit Draht umwickelt habe, damit dieser während des Heizens kühl bleibt.

Wem es zu aufwändig ist, eine Ofentür zu bauen, kann einen ähnlichen Effekt mit Ziegeln, die vor dem Ofenmund gestapelt werden, erzielen.

Rauch bedeutet, dass das Feuer erstickt. Durch eine Ofentür lässt sich die Luftzufuhr so steuern, dass die Frischluft unten reinströmen kann und der Rauch oben entweichen kann, ohne sich gegenseitig zu behindern.

Für manche Anwendungen (z. B. Öfen, die im Hause stehen) ist ein permanenter Rauchabzug zwingend notwendig. Im Kapitel über Rauchabzüge (ab S. 120) finden Sie hierzu mehr.

Temperaturen abschätzen lernen

Man muss zuerst wissen, ob der Ofen genügend Hitze aufgenommen hat. Danach ist wichtig, ob der Ofen für Brot, Aufläufe, Suppen, Braten usw. die richtige Back- oder Kochtemperatur hat. Je nach Ofengröße sollte der Ofen innerhalb von ein bis drei Stunden aufgeheizt sein (dies variiert auch je nachdem, wie oft mit ihm gebacken wird und je nach Qualität und Quantität der Isolierung). Wenn Sie kein Erwerbsbäcker sind, müssen Sie nur ungefähr wissen, ob der Ofen heiß genug ist. Ein paar Tricks ergeben eine zwar unpräzise Einschätzung der Ofentemperatur, die dessen ungeachtet aber hilfreich ist:

- Bei Flächentemperaturen von über 315 °C brennt der Ruß von den Ofenwänden ab. Dies weist meistens auf genügend Hitze für einen Backgang hin. (Da wir gewöhnlich mehrere Backgänge haben, lassen wir das Feuer für eine zusätzliche Stunde brennen, um mehr Hitze tiefer zu speichern.)
- Spüren Sie die Außenfläche des Ofens mit Ihrer Hand – je nach Dicke, Isolierung usw. Ihres Ofens können Sie je nach Temperatur des Ofenputzes ein Gespür dafür entwickeln, „wie weit der Ofen ist".
- Bei vielen Öfen tauchen ein oder zwei Risse auf, wenn Hitze tief in den Lehm vorgedrungen ist (der oder die Risse schließen sich nach dem Auskühlen des Ofens wieder). Mit der Zeit werden Sie beim Blick auf die Breite der Risse entscheiden können, wie heiß der Ofen sein müsste.

Die Ofentürinnenseite ins Wasser legen

Eine gut angefeuchtete Ofentür verkohlt weniger und ergänzt den Backraum mit Dampf.

Den Ofen ausräumen

Im optimalen Fall ist Ihr Feuer nur noch heiße Glut, wenn der Ofen zum Backen bereit ist; vielleicht aber gibt es noch brennendes Holz. So oder so: Mit einer Gartenhacke, Schaufel, einem metallenen Brotschieber oder sonst irgendwas, das extrem heiße Temperaturen aushält (siehe Ofenwerkzeuge, S. 98), Holzkohlen, Glut und Asche in einen Metallbehälter kehren, in dem die Glut erstickt werden kann. Vorsicht, dass Sie beim Ausputzen nicht in die Ofenwände einkratzen. Vorsicht auch, dass keine heißen Glutstücke auf Ihre Füße fallen. Wärmeresistente Handschuhe können hier sehr hilfreich sein (lederne Schweißerhandschuhe sind auch gut).

Die Backfläche putzen

Etwas Nasses (aber nicht tropfnass), auf keinen Fall aber etwas Synthetisches verwenden – also keine Plastikbürsten, keine Polyestertücher! Nur Baumwolle, Jute, Hanf, Sisal oder andere Naturfasern. Wenn kein geeignetes Material vorhanden ist (siehe nächste Seite), ein Baumwolltuch verwenden, einen Wischlappen oder eine Naturfaserbürste.

Gleichmäßige Hitzeverteilung im Ofen

Hitze breitet sich im Ofen unterschiedlich aus. Unmittelbar nach

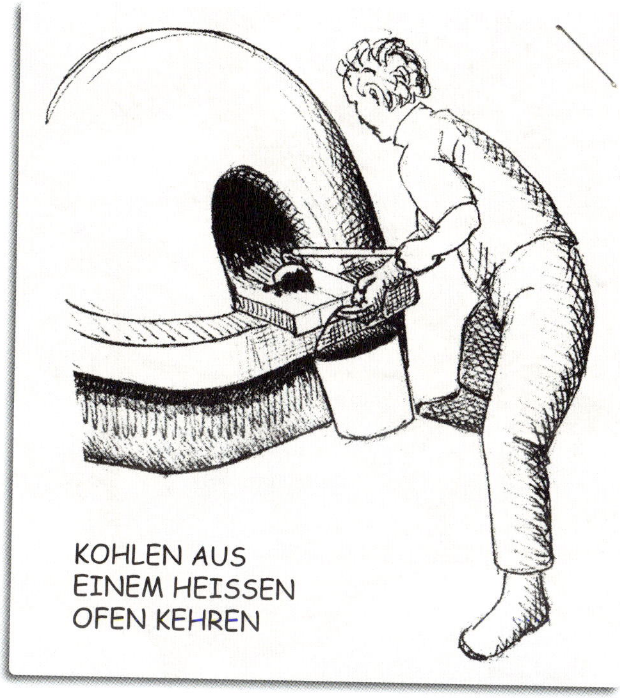

Entfernung der letzten Verbrennungsrückstände haben verschiedene Stellen im Ofen naturgemäß verschiedene Temperaturen. Diese Unterschiede werden sich nach einiger Zeit ausgleichen; diesen Prozess sollten Sie abwarten. Damit die Hitze nicht aus dem Ofen entweicht, den Ofenmund mit einem Blech oder einer anderen feuerfesten Sperre zumachen und 5–30 Minuten warten.

Die richtige Temperatur erspüren

Mit etwas Übung werden Sie lernen, die richtige Temperatur zu *spüren*:

- Zuerst eine Pizza (oder auch zwei) und Fladenbrot backen. Dies verrät vieles über Temperaturen und kühlt die extrem heiße Backfläche ein wenig ab. Beobachten, wie schnell die Pizzen backen und wie dunkel die Unterseiten der Pizzen werden.
- Eine Handvoll Mehl in den Ofen werfen. Bei Backtemperatur sollte es in 10–20 Sekun-

den braun werden. Wenn es in weniger als 10 Sekunden zu verkohlen oder zu rauchen anfängt, warten, bis die Hitze ausgeglichen ist. Mit verknittertem Papier kann zwar das Gleiche gemessen werden, Mehl ergibt aber ein genaueres Ergebnis im Hinblick auf die Backflächentemperatur.

- Um die Heiztemperatur zu messen, mache ich eine Faust, die ich in den Ofen halte; dann die Sekunden zählen. Wenn ich es schaffe, die Faust bis zu acht Sekunden im Ofen zu halten, ist die Temperatur für Sauerteigbrot genau richtig. (Sie sollten hier natürlich entsprechend vorsichtig vorgehen!)
- Ein normales Ofenthermometer misst die Temperatur des Ofens unter 300 Grad. Wir haben aber mehrere Thermometer ruiniert, als wir diese in den Ofen gegeben haben und dieser noch zu heiß war. Seien Sie also auch hier vorsichtig!

Einschieben!

Bäcker verwenden traditionell einen Brotschieber, um Laibe direkt auf die Backfläche zu legen. Sie können aber auch irgendein schmales Brett oder sogar auch steifen Karton verwenden. Um das Rutschen des Laibs vom Brotschieber zu erleichtern, bestreuen Sie es mit etwas Polenta oder Grieß. Wenn Sie die Brotlaibe im Korb aufgehen lassen, kippen Sie sie direkt auf den Brotschieber. Falls Sie die Laibe auf einem Brett oder Tisch aufgehen lassen, heben Sie sie sanft mit einem Teigschaber oder Karton auf. Den Laib auf den Schieber geben und den Schieber dorthin führen, wo der Laib hinkommen soll. Am Schluss den Schieber abrupt entfernen. Die Tür schnell schließen, um den Dampf darin einzufangen.

Zeit und Temperatur je nach Bedürfnis ändern

Es ist besser, wenn der Ofen heiß ist und auf das Brot „wartet", als wenn der Teig zu lang aufgeht und „schlaff" wird, weil der Ofen noch Zeit braucht, um auszukühlen. Sie sollten an einem warmen Tag, an dem der Teig sowieso sehr „lebendig" ist, früh mit dem Einheizen beginnen. An einem kalten Tag, an dem der Teig „ewig" braucht, bis er aufgeht, sollten Sie es langsamer brennen und alle Holzkohlen ausbrennen lassen. Lassen Sie nicht außer Acht, dass sich vieles mehr im Ofen backen lässt als nur Brot. Deshalb sollten Sie das Tages- oder Wochenmenü im Voraus planen, um die langsam sinkende

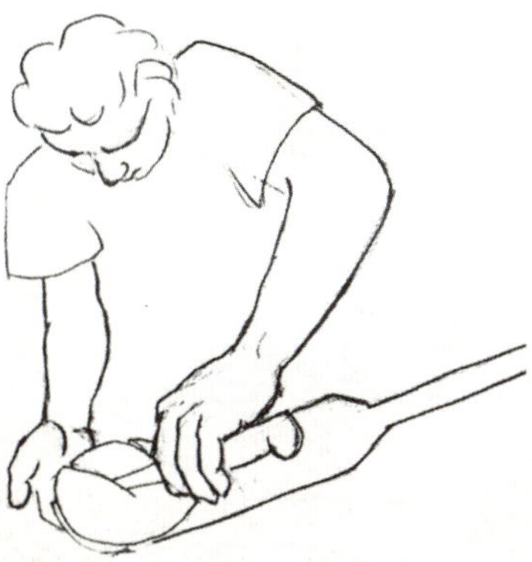

Hitze des Ofens auszunutzen. Man könnte zum Beispiel mit Pizza oder Fladenbrot beginnen und danach Sauerteigbrot, Hefebrot, Kartoffeln, Bohnen, Gemüse, Germgebäck, Kuchen und Kekse, Knäckebrot, Müsli, Milchreis, geröstete Nüsse und Bohnen (daraus gemachtes Bohnenmehl hat vielfache Verwendungen: Brühe, Kuchen, Falafel ...) machen. Zum Schluss besteht noch die Möglichkeit, Früchte zu trocknen oder Joghurt zu machen. Eine optimale Weise, die letzte Nachhitze vom Ofen auszunutzen, besteht darin, Holz für den nächsten Backtag zu trocknen. (Vergewissern Sie sich aber, dass die Ofentemperatur nicht über 120 Grad liegt. Im Zweifelsfall besser warten.)

Zeit und Backtemperatur

Das Backen ist von der Zeit und auch von der Temperatur abhängig. Brot kann heiß und schnell oder kühler und langsamer gebacken werden. Wenn der Ofen um die 320 Grad heiß ist, aber der Teig backbereit ist, kann heiß und schnell gebacken werden, wenn man vorsichtig ist. Um verbrannte Brotunterseiten zu vermeiden, das Brot auf umgekehrten Backblechen backen oder die Laibe im Ofen häufig bewegen – je nach Bedarf (siehe Abbildung S. 94).

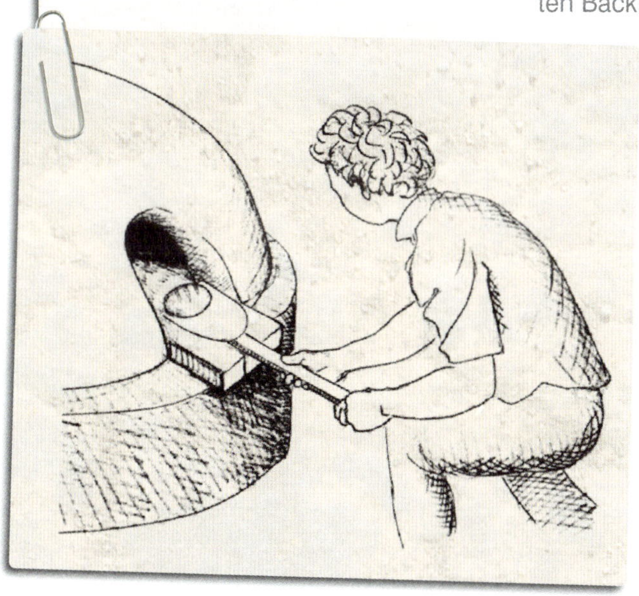

Pizza und das Backen mit aktivem Feuer

Ein sehr heißer Ofen bäckt Pizza in 2–3 Minuten. Den Teig ausrollen, ausziehen oder werfen, bis Sie eine 6 mm oder dünnere Scheibe haben; diese auf den bestreuten Schieber legen. Schnell belegen (nicht zu viel!) und reinschieben. Darauf achten, dass Soße und Belege, die am Pizzarand liegen, nicht verursachen, dass die Pizza am Schieber kleben bleibt ... sonst

Wenn man mehrere Pizzen hintereinander backen will, ist es günstig, hinten oder an der Seite im Ofen ein Feuer brennen zu haben, um die Hitze zu halten. ▲

wird diese zu einer Calzone! Eine Pizza (oder zwei) lassen sich zwar gleich nach dem Ausputzen hervorragend backen, aber wenn es um mehrere Pizzen für „hungrige Horden" geht, ist ein brennendes Feuer hinten oder an der Seite im Ofen notwendig, um hohe Temperaturen zu behalten. Ein Stück Winkeleisen oder etwas Ähnliches helfen, das Feuer mit einer sauberen Grenze getrennt zu halten, sodass keine Asche in die Pizza gelangt und die Kruste nicht anbrennt. Zwei oder drei kleine Holzstücke, die alle paar Ladungen nachgelegt werden, sorgen dafür, dass das Feuer während des Pizzabackens ausreichend brennt.

ACHTUNG

Weichholz sprüht Funken, die auf Ihre Pizza gelangen könnte; bei Hartholz ist das nicht der Fall.

Die Kruste sollte ebenso schnell wie die Oberfläche backen. Falls das nicht der Fall ist, versuchen Sie, das Feuer auf die andere Seite zu geben und schauen Sie, ob Sie nicht eine Feuerungstechnik entwickeln können, mit der mehr Hitze in die Backfläche kommt.

Ein gut brennendes Feuer in einem heißen Ofen ist auch zum Rösten von Paprika (direkt in den Flammen die Paprikahaut verkohlen, die Paprika dann in einem Papiersack oder Container abkühlen lassen, danach die verkohlte Haut herunterwaschen und aufschneiden) sowie von Kartoffeln und Pastinaken gut (mit Öl und Kräutern anstreichen und oft durchrühren) oder zum schnellen Braten eines Steaks oder Fischs. Ein Feuer in einem sonst kalten Ofen brät auch Steaks und Gemüse – naturgemäß geht es hier aber langsamer.

Traditionelles Ofenwerkzeug sammeln

- Eine **Ofenkrücke** ist ein L-förmiges Stück Metall, das Holzkohlen und Glut nach dem Heizen herausschabt. Eine alte Unkrauthacke kann denselben Zweck erfüllen. Um die herausgeholten Kohlen einzusammeln, reicht etwas Metallenes mit einem gut schließenden Deckel, um die Glut auszulöschen: eine Metalldose, ein Grill, ein alter Topf.

- Ein **Hudelwisch** ist ein elegantes einfaches Werkzeug, das die Backfläche mit einem Tuch auf einem Drehkopf reinigt. Ich habe einen improvisiert, indem ich einen Nagel an das eine Ende eines Stab gehämmert und aus dem Nagel beim Kopf ein „L“ gemacht habe. Danach ein Baumwolltuch mit Draht umwickeln und das Ende des Drahtes um den Nagel, sodass sich das Tuch frei bewegen kann. Machen Sie zum Reinigen der Backfläche das Tuch nass und säubern Sie mit Kreisbewegungen die Backfläche bis tief in die Ecken.
- Ein **Blaserohr**: Dies ist nicht unbedingt notwendig, ist aber ein guter Blasebalgersatz, der ein Feuer am Leben halten kann. Meines ist ein Reststück eines 10 mm-Kupferrohrs; ein wenig länger, als mein Ofen tief ist, und an einem Ende etwas zusammengedrückt. Dies macht aus dem sanften Hauch einen starken Düsenstrahl, der die schwächste Glut entfacht.
- **Handschuhe**, am besten isoliert, machen die Arbeit im Ofen wesentlich einfacher, sei es beim Jonglieren mit heißen Töpfen oder beim Drehen einer Pizza, die ganz hinten im Ofen liegt.
- Ein **Brotschieber** ist eine flache Schaufel (12 mm beim Griff, 6 mm beim Blatt, wie ein Meißel geformt). Manche Schieber sind klein und aus Metall, weil es beständiger ist und das Jonglieren mehrerer Pizzen im Ofen erleichtert. Sie sind sowohl aus Holz oder aus Metall im Geschäft in den verschiedensten Größen erhältlich. Sie können aber auch einen Brotschieber selbst machen und Ihren Bedürfnissen anpassen. Normal genügt eine Breite von 15 cm für den Hausgebrauch. Falls Sie einen breiteren Schieber bauen wollen (z. B. für Pizza), stellen Sie sicher, dass er in den Ofen passt. Wenn Sie eher wenig Werkzeug (oder geringe Erfahrung mit Holzbearbeitung) haben, dann nageln Sie einfach einen Griff an ein Stück Sperrholz (praktisch wäre es, noch eine scharfe Kante zu haben, um einfach den Schieber unter die Brotlaibe schieben zu können). Eine elegantere Version: Mit einem 15 cm-Brett, ca. 2 cm stark aus Hart- oder Weichholz, das um 30–60 cm länger ist, als der Ofen tief ist (es kann sowieso gekürzt werden, falls nötig), die Form der Abbildung auf der nächsten Seite aufzeichnen und ausschneiden. Danach den Griff ausschneiden, dann alle Ecken rund und eine scharfe Kante machen.

Mit einem Blasrohr lässt sich sehr gezielt Luft zum Feuer leiten. ▲

Traditionelles Ofenwerkzeug selbst herstellen

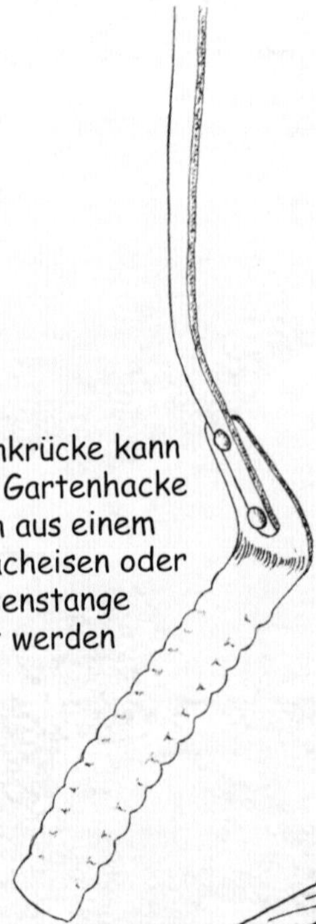

Eine Ofenkrücke kann aus einer Gartenhacke oder auch aus einem Stück Flacheisen oder einer Eisenstange gefertigt werden

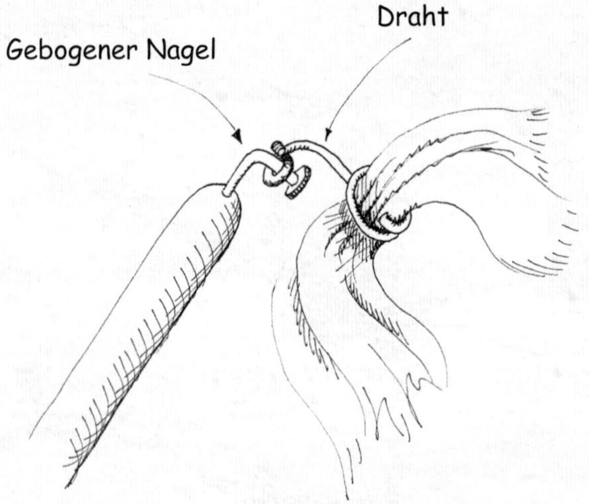

Gebastelter Hudelwisch: Der Drehkopf ist ein mit nichts mehr als einem steifen Draht leicht umwickelter, gebogener Nagel. Am anderen Ende des Drahtes ist ein Tuch befestigt; diese Konstruktion hält extrem lang

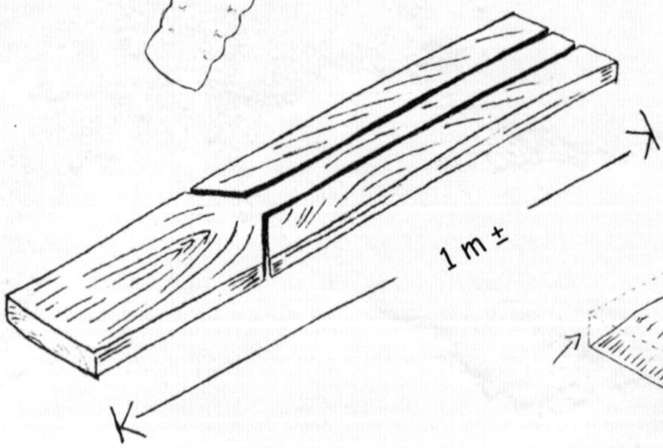

Eine Skizze, um einen Brotschieber aus einem 2 cm starken und 16 cm breiten Brett zu fertigen

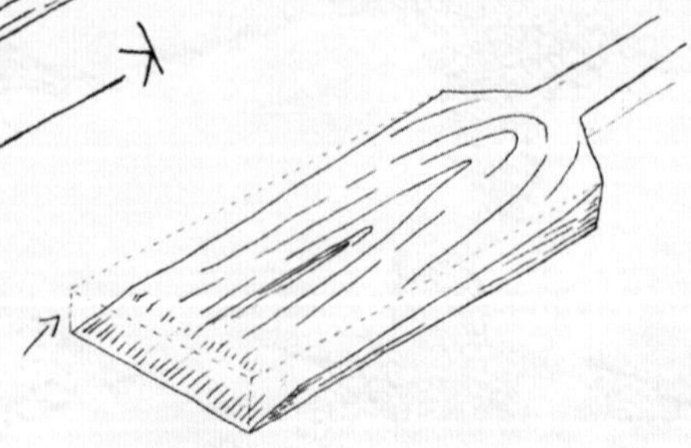

Dem Brotschieber mit einem Messer, Hobel, Meissel oder einer Säge eine scharfe, schaufelmäßige Kante geben

Einfaches Sauerteigbrot

Brot wie vom Bäcker

In Amerika gibt es kein traditionelles, nach alter Bäckerskunst hergestelltes Brot, denn wir haben die Lebensweisen, die dies ermöglichen, verdrängt. Solche Produkte wurden von gelernten Bäckern hergestellt und der Warenverkehr fand zum Großteil über eine handwerklich orientierte Wirtschaftsform statt. Aus etwas Mehl, Wasser und ehrlicher Arbeit machte ein Bäcker schöne Laibe nahrhaften Brotes, die er gegen Mehl und Salz tauschen konnte; der Bauer hat den Müller mit seinem Getreide bezahlt und den Gerber mit Tierhaut, die er in Form von Leder zurückbekam, das wieder an den Schuhmacher gegen Schuhe weitergegeben wurde. Auf diese Weise standen Bäcker, Müller, Bauer und Schuhmacher in einem eigenen Wirtschaftskreislauf; ihre Produkte erfreuten sich gegenseitiger Wertschätzung. Alles, was nicht verwendet wurde, kam zurück in die Erde, um sie fruchtbar zu halten. Im Notfall, wenn es nichts zu tauschen gab, wurde Geld als Tauschmittel verwendet.

Einen solchen Wirtschaftskreislauf können wir uns heute kaum mehr vorstellen. Wir wurden in eine industrielle Wachstumswirtschaft hineingeboren, in der wir Müll produzieren und Natur vernichten. Alles steht zum Verkauf und nichts hat über längere Zeit Bestand. Etliche unter uns sind Gefangene ihrer „Jobs“ und können nur zuschauen, wie die Natur funktionalisiert wird, um Güter zu entwickeln, die wir „konsumieren“ und die zum Schluss auf die Mülldeponie kommen, damit die Wirtschaft „wachsen“ kann. Beziehungen werden auf Geld reduziert; eine extreme und verfälschende Vereinfachung der herrlichen Komplexität des Lebens. Umso befremdlicher ist das, was heute als „Reality-TV“ bezeichnet wird.

Erinnerungen

Bernard Clavel (1923–2010), ein französischer Schriftsteller, dessen Vater Bäcker war, schrieb in einem seiner Bücher, dass sich seine Mutter um fünf Uhr in der Frühe aufmachte, damit sie den Salzsiedern, auf deren Weg zur Arbeit ihre Bäckerei lag, Brot verkaufen konnte. Sein Vater verkaufte Brot an die Winzer, von denen manche ein Fass Wein zum Tausch anboten, und massive Brotlaibe von fast 4 kg an die Holzhauer (Holzknechte), die Holz zum Einheizen des Ofens als Gegenleistung anboten. Wenn dem Bäcker das Salz ausging, fuhr er hinauf zur Salzsiederei, wo er einen Sack Salz mit seinem Brot bezahlte. (Siehe Clavels Einführung in das Buch Le livre du pain [Das Buch vom Brot] von Jérôme Assire, Flammarion, 1999.)

Der heutige Bäcker sieht sich mit folgenden Kosten konfrontiert: Mehl, Miete, Betriebskosten, Versicherung, Transportkosten und anderes mehr … Vor diesem Hintergrund kommt einem ein 5-Euro-Brotlaib plötzlich preiswert vor! Aber Geld an sich ist kein Wert, es ist ein Tauschmittel. Bäcker und andere Künstler bezeugen, dass der Preis nicht dem Wert ihres Produktes entspricht. Geld kann weder Schönheit noch Geschmack hervorbringen; das kann nur das Handwerk, die Liebe zum Beruf, künstlerisches Vermögen ... Der schöne und schmackhafte Brotlaib, der mit so viel Liebe produziert wurde, entfaltet seine Vorzüge dann, wenn er bewusst gegessen wird.

Wenn Sie Brot möchten, das nach alter Bäckerskunst hergestellt wird, dann werden Sie zum Kunsthandwerker! Wenn Sie mehr als benötigt gebacken haben, verschenken Sie das, was Sie nicht brauchen. Ihre Freunde und Bekannten werden Ihnen dankbar sein, einmal „echtes Brot“ kosten zu dürfen. Womöglich wirkt sich dies als „Initialzündung“ für eigene Aktivitäten in diese Richtung aus.

Wenn wir „echtes Brot“ wirklich wollen, bedarf es allerdings der Bereitschaft, entsprechend Zeit, Hingabe und Engagement zu investieren.

Ein schöner, schmackhafter Laib Brot ist das Ergebnis (kunst-)handwerklichen Vermögens. ▲

Einführung

Hannah hat beim Thema Brot drei Regeln: „Geduld, Wunder und niemals Stress.“ Sie hat mit 14 Jahren angefangen, Brot zu backen, war mehrere Jahre Erwerbsbäckerin und backt zuhause nun alle zwei Wochen ca. 12 kg Brot. Nachfolgend beschreibt sie die Abläufe zusammen mit Mengenangaben, und zwar auch für kleinere Mengen Brot. Wenn Sie schon ein erfahrener Bäcker sind, können Sie trotzdem schauen, ob irgendwelche Techniken oder Ideen inspirierend sind. Wem das Backen ganz neu ist, der sollte das Folgende ganz durchlesen, um vor dem eigentlichen Beginn ein Gespür für das Brotbacken zu bekommen.

Der Schlüssel zum Sauerteig besteht in der Kenntnis darin, dass fermentierte Nahrungsmittel lebendig sind, so zum Beispiel Sauerkraut, Joghurt oder Miso (eine japanische Paste) – ganz zu schweigen von Bier und Wein. Die Fermentation bzw. der Gärprozess erfolgt durch Wildhefe, die sowieso allgegenwärtig ist – auf Getreide, Weintrauben, sogar auf unseren Händen. Wenn Sie also Mehl und Wasser zusammenmischen, gedeihen diese Organismen und setzen einen Gärprozess ingang. Sie stellen den Organismen Wasser und Nahrung (in Form von Teig) zur Verfügung und die Organismen produzieren Kohlendioxid, das den Brotteig aufgehen lässt. Diese „wilden" Vorgänge machen das Mehl verdaulicher und nahrhafter und den Brotlaib im Endeffekt haltbarer.

Beim Gären geht es weniger darum, Lebensmittel haltbar zu machen, sondern diese „noch lebendiger" zu machen. Fermentierte Nahrungsmittel haben Völkern diverser Kulturen jahrtausendelang Kraft gegeben.

Die Herstellung von Sauerteig ist ein Vorgang, den jeder erlernen kann; Grundinformationen liefert ein Rezept. Man lernt wie beim Tanzen: hier konzentriert man sich zunächst auf die Musik und den Partner (beim Sauerteig sind das Mehl und Starterkultur) und entwickelt dann den eigenen Rhythmus und Stil.

Zum Einschieben und Herausnehmen eines Brotes aus dem Ofen eignet sich am besten ein flacher Schuber – so wie hier abgebildet. ▲

Hannah schreibt hierüber Folgendes: Gutes Brot braucht seine Zeit, aber es nimmt Ihnen keine. Falls Sie gerne gärtnern, können Sie das Backen auch so betrachten: Pflanzen nehmen sich die Zeit, die sie brauchen. Auch wenn Sie alles Mögliche in ihrem Umfeld ändern, können Sie ihnen den Wachstumsprozess nicht abnehmen; man muss einfach warten, bis sie reif sind. Während Sie warten, sei es auf die Reife von Pflanzen oder des Sauerteiges, können Sie sich um allerlei andere Sachen kümmern, die Sie zu erledigen haben.

Der Grundprozess für ein einfaches 3-Laib-Sauerteigrezept ist einfach (bei der extremen Anfangshitze des Ofens können auch noch ein oder zwei Fladenbrote dazu kommen). Ich setze hier Grundkenntnisse mit gesäuertem Brot einmal voraus und weise weiter darauf hin, dass ich, wenn ich alle zwei Wochen eine Masse von 12 Kilo backe, weder das Mehl abwiege noch das Wasser abmesse. Ich wiege nur Salz und zum Schluss den Teig. Jedes Ergebnis ist anders und ich habe es gern so. Ich habe hier jedoch meine Methoden angepasst, um auf ein leicht umzusetzendes Rezept zu kommen, das auch für Anfänger zu bewältigen ist. Auf unseren Ofen- und Brotworkshops haben wir Leute kennengelernt, die mit Sauerteig offensichtlich ein Problem haben (eine Journalistin verstieg sich zu der Aussage „Das ist Männersache!“, womit das Thema für sie abgetan war). Brütet man stundenlang über allen möglichen Büchern zum Thema Sauerteig und vergleicht die Details miteinander, kann man sich in der Tat leicht überfordert fühlen. Obwohl ich von manchen dieser Bücher viel halte, wähle ich hier einen etwas anderen Weg. Die Menschen sind nämlich bereits ohne das Gefühl, sie müssten jeden Moment des Prozesses unter Kontrolle haben, gestresst genug.

So macht man gutes Brot, ohne in Stress zu verfallen:

Vier Schritte zum Brot

Was zu tun ist ...	Wann es zu tun ist ...
1. Sauerteig zweimal ansetzen	15:00 und 23:00 Uhr am Tag davor
2. Hauptteig machen	7:00 Uhr am Backtag
3. Teig gehen lassen	7:00–15:00 Uhr
a. Zurückschlagen	Vormittags
b. Laibe formen	Zu Mittag
c. Laibe gehen lassen, Ofen heizen	Zu Mittag
4. Backen (2–4 Stunden später)	Am späten Nachmittag

Dieser Zeitplan ist ein grober Überblick, wie es laufen könnte. Allerdings verhält es sich in Wirklichkeit jedes Mal anders. Wieso? Weil drei Dinge im Auge zu behalten und zu beachten sind: Temperatur, Zeit und Vorteig. Man kann die Temperatur nicht nur mit dem Thermostat regulieren, sondern auch, indem man das Mehl, das Wasser und den Teig selbst erwärmt oder kühlt. Das Zeitfenster wird variiert, je nachdem, wie lang der Teig aufgeht. Ich beobachte insbesondere den Vorteig, von dem ich abhängig mache, wie schnell oder langsam alles verlaufen wird.

Das Rezept

1200 g Mehl (meistens verwenden wir frisch gemahlenes Weizenmehl. Probieren Sie aber ruhig auch andere Ingredienzien aus, wie Dinkel, Roggen, verschiedene Mischungen usw.)
1000–1100 ml Wasser
3,5 TL Salz
Rund 200 ml Sauerteig (nach dem Ansetzen gemessen. Falls kein Sauerteig verfügbar ist, siehe Ende des Kapitels.)

Wirklicher Wohlstand ...

... ist ein volles Brotregal. Sauerteigbrot hält in der Regel sehr lang (nicht in den Kühlschrank geben! Dies beschleunigt das Hart- und Trockenwerden); unser Vollkornweizenbrot, das eher feucht ist, wurde bei warmem oder feuchtem Wetter etwas schimmelig. Nach vielem Herum-

Auf einem offenen, gut belüfteten Regal hält Brot auch im Sommer bis zu zwei Wochen. ▲

probieren erkannten wir, dass es dem Brot am besten geht, wenn es auf diesem offenen, gutgelüfteten Regal gelagert wird. Nun hält unser Brot sogar im Sommer problemlos zwei Wochen. Auch eine komplett ausgetrocknete Kruste schmeckt gut; getoastet und in Suppe eingeweicht, schmeckt es fast wie frisch gebacken.

Schritt 1: Den Sauerteig ansetzen

Ein aktiver Sauerteig ist ein Teig, der 4–8 Stunden gegangen und voller Luftblasen ist – er sieht „lebendig" aus. Um zu diesem Punkt zu gelangen, beginnt man etwa 16 Stunden, bevor der Hauptteig gemacht werden soll. Ich habe immer einen kleinen Klumpen Starterkultur im Kühlschrank.

Um zirka 15 Uhr am Tag vor dem Backtag mische ich 1 EL Starterkultur mit 2 EL Mehl und 1 EL Wasser. Dieses Gemisch bei Zimmertemperatur 8 Stunden stehen lassen.

Um 22–23 Uhr, bevor ich ins Bett gehe, führe ich den nächsten Schritt durch, indem ich weitere 8 EL Mehl und 5 EL Wasser dazumische. 200 ml vom gerade zum zweiten Mal angesetzten Sauerteig abzweigen und den Rest (ca. 1 EL) in ein sauberes, locker gedecktes Glas geben und dies wiederum in den Kühlschrank stellen. (Falls Sie diesen letzten Schritt vergessen, können Sie einen Klumpen von einem Brotlaib während des Aufgehens abzweigen und im Kühlschrank aufbewahren. Da er vom Laib ist, wird er gesalzen sein, was nicht optimal ist, weil Salz ja fermentationshemmend wirkt. Doch nach ein paar Mal ansetzen wirkt das Salz immer schwächer auf das Gärverfahren.)

Am Tag darauf in der Früh, also acht Stunden nach der zweiten Stufe, ist der Sauerteig soweit, dass er in den Hauptteig eingearbeitet werden kann.

Schritt 2: Den Hauptteig machen

Der Schlüssel zu gutem Brot ist das Kneten. Weizenmehl enthält Gluten und Gliadin, also Proteine, die, wenn sie angefeuchtet und geknetet werden, zu langen, elastischen, dehnbaren Ketten werden, die das CO_2 einfangen, welches durch das Gärverfahren entsteht.

Das genaue Feuchtigkeitsniveau des Teigs ist kein kritischer Punkt. Seit ich nicht mehr Erwerbsbäcker bin, erwarte ich nicht mehr bzw. möchte auch nicht, dass das Brot jedesmal gleich gerät. Ich kann das Ergebnis sogar stark beeinflussen, wenn ich die Menge des dazugegebenen Wassers variiere. Ein eher trockener Teig ergibt eine derbere Krume, bei einem nassen Teig wird die Krume lockerer und elastischer. Beginnen Sie bei diesem Rezept mit 1000 ml Wasser; geben Sie danach zunehmend kleine Mengen von den restlichen 100 ml dazu, bis es zu einem nicht zu festen Teig wird. Verschiedene Mehle variieren darin, wie viel Wasser sie aufsaugen; das ist abhängig von der Getreidesorte und Luftfeuchtigkeit des jeweiligen Tages. Daher ist es praktisch unmöglich, eine genaue Wassermengenangabe anzubieten. Ihre Hände fühlen es – nach wenigen Backtagen werden Sie das Gespür dafür bekommen, wann der Teig zu nass, zu trocken oder genau richtig ist.

Also: Alle Zutaten außer Salz mischen, aber nur gerade genug, um alles miteinander zu integrieren. Den Teig danach 15–60 Minuten ruhen

Kneten vornübergebeugt geht meistens leichter

lassen. Diese Ruhe gibt dem Teig die Zeit, das Wasser vollständig aufzunehmen, und den Proteinmolekülen die Zeit, sich auszudehnen und zu verketten, währenddessen das Fermentieren beginnen kann. Diese Aufbereitung bedeutet auch, dass weniger geknetet werden muss.

Nun wird es Zeit, Salz hinzuzugeben. (Wenn ich nicht nach einem Rezept backe, rechne ich mit 1 TL Salz je ca. 700 g Teig. Nur beim Salz ist die Menge kritisch, hier sollten Sie genau sein.) Salz verbessert die Struktur des Teigs durch das Zähermachen des Glutens. Allerdings hemmt Salz auch die Fermentation, weshalb es vorteilhaft ist, das Salz möglichst spät beizumischen.

Es gibt mehrere Knettechniken, aber grundsätzlich geht es darum, diese derbe Masse von gerade erst gemischten Zutaten zu einem bindigen, elastischen und glatten Teig zu machen. 10–15 Minuten Kneten werden benötigt.

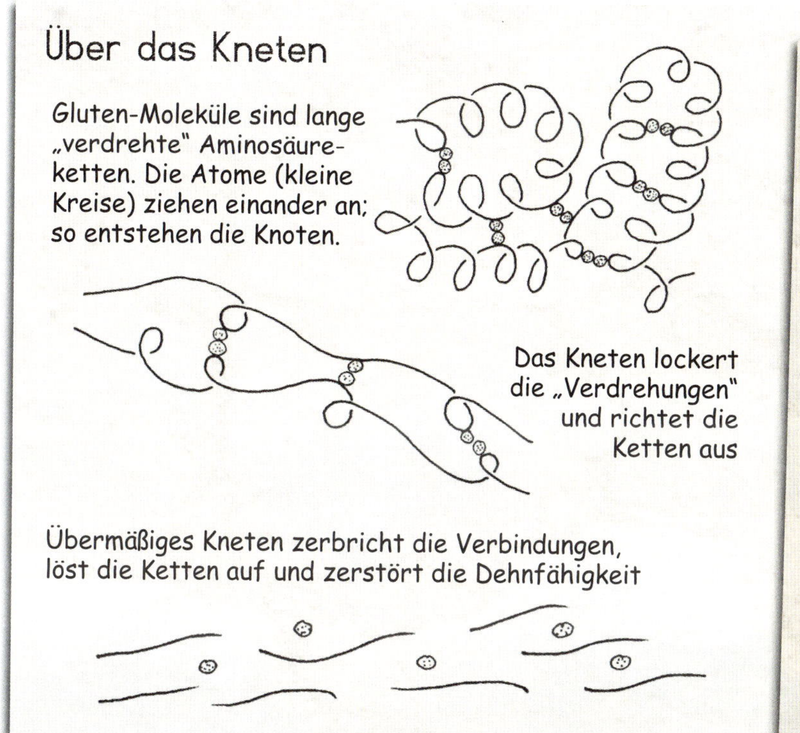

(Nach einer Illustration aus *On Food & Cooking* von Harold McGee)

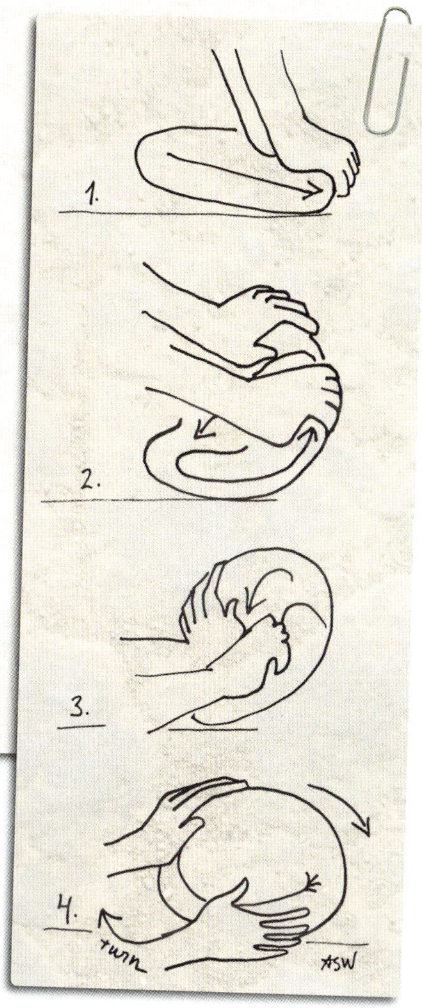

Auf keinen Fall zu viel Mehl beimischen! Viele Leute mögen weder klebrige Finger noch bekleckerte Arbeitsplatten. Sie versuchen dies dann durch das Dazufügen von Mehl zu vermeiden, bis nichts mehr klebt. Dies ergibt aber ein ziemlich trockenes, fad schmeckendes Brot. Eine viel effektivere Lösung besteht darin, für diesen Zweck anstatt Mehl Wasser zuzugeben. Je nasser, desto besser: Damit wird nicht nur der Klebrigkeit vorgebeugt, sondern auch die Flüssigkeitsaufnahme des Teigs verbessert. Jedes Mal, wenn der Teig anfängt, an Ihren Fingern zu kleben, die Hände säubern und ins Wasser tunken.

Um zu überprüfen, ob der Teig schon genug geknetet wurde, nehmen Sie eine Handvoll Teig und ziehen diesen wie einen Luftballon mit beiden Händen auseinander. Wenn er sich zu einer dünnen Schicht ausziehen lässt, ist der Teig fertig. Wenn er zäh und seilartig ist und auseinanderreißt, kneten Sie den Teig weiter.

Erst ganz zum Schluss gebe ich Gewürze, Kräuter, Samen oder Trockenfrüchte dazu, da manche Gewürze fermentationshemmend wirken und Samen und Nüsse die Struktur des Teiges zerreißen können, was das Volumen reduzieren kann. Diese knete ich sanft und rasch in den Teig ein.

Schritt 3a: Säuern und „zurückschlagen"

Fermentation ist der Schlüssel zu einem schmackhaften Brot. Es ist ein laufender Prozess, der sich von dem Moment, an dem Sie den Sauerteig ansetzen, bis zu dem Punkt, wo eine Temperatur von 49 Grad mitten im Brotlaib erreicht wird und alle Wildhefen sterben, erstreckt. Das Wesentlichste hierbei ist Zeit. Probieren Sie verschiedene Gärzeiten aus, um herauszufinden, was Ihren Vorstellungen entspricht. Längere Gärzeiten ergeben einen kräftigeren, saureren Geschmack; ein schnelleres, kürzeres Säuern ergibt einen sanfteren, möglicherweise auch faden Geschmack.

Das „Zurückschlagen" ist eine Technik, die zum Einsatz kommt, um den Gärprozess zu verlängern. Der Teig wird einfach stehen gelassen, bis er sich in seiner Größe verdoppelt hat. Dann wird er „zurückgeschlagen", das heißt, die Gärgase werden durch sanftes Zusammendrücken aus dem Teig gelassen. Dies gibt den im Sauerteig lebenden Wildhefen neue Reserven, von denen sie zehren können. Dadurch entstehen komplexere Geschmäcke.

In meinem Zeitplan überspringe ich diesen Schritt fast komplett. Stattdessen teile ich die Teigmasse nach dem Kneten bald in Laibe auf (nach vielleicht einer halben Stunde, während der Teig rasten kann, weil er sonst zu schwer zu kneten wäre). Danach lasse ich das Brot langsam und kühl gehen (z. B. in kühlem Wasser oder in einem kühlen Raum). Diese Maßnahme unterstützt die Entwicklung hin zu einem guten Geschmack, weil der Teig nur einmal anstatt zweimal geht.

Das eigene Mehl mahlen

Keine Getreidemühle ist gleich und das Mahlen von gutem Mehl ist eine Kunst, genauso wie alle anderen Schritte hin zum Brot. Wir haben schon drei oder vier verschiedene Mühlen ausprobiert: eine handbetriebene Mühle aus Stahl sowie zwei elektrische Modelle mit Kunststeinen, eine mit hoher Geschwindigkeit, eine mit niedriger. Das beste Mehl wird von der Mühle mit niedriger Geschwindigkeit produziert; das Mehl ist geschmeidiger, glatter und fast etwas „tonig". Das mit hoher Geschwindigkeit in der Mühle hergestellte Mehl war vergleichsweise grob und fast „kiesig". Wir haben zwar gutes Brot aus Mehl mit beiden Mühlen herstellen können, aber ein genaueres Hinschauen brachte zutage, dass das Mehl bei einem langsameren Mahlen nicht nur kühler bleibt (Hitze zerstört manche Nährstoffe), sondern auch, dass das Getreide eher gerieben als gebrochen wird. Das daraus entstandene Mehl ist glatter und hat eine größere Gesamtoberfläche, was die Wasseraufnahmefähigkeit verbessert. Laut Alan Scott mischt das langsame Mahlen mit guten Steinen das Getreideöl besser in das Mehl ein, was die Gefahr des Ranzigwerdens reduziert.

Schritt 3b: Säuern und in Laibe aufteilen

Ich mache alle Laibe in der gleichen Größe, also 800 g, sodass sie gleichzeitig im Ofen fertig werden. (Meine Küchenwaage ist übrigens ein altes 24 Pfund-Modell [10,88 kg], das ich für ca. 12 $ (~9 Euro) im Second-Hand Laden gefunden habe.) Die Reste teile ich in kugelförmige 50–100-g-Stücke auf, die auf einem mit Mehl bestreuten Brett bis zur Backzeit belassen und zu Fladenbrot gebacken werden.

Danach forme ich alle abgewogenen Teigstücke in Bälle, sodass die Rille unten ist. Dies lässt sich schwer mit Worten beschreiben (dafür ist es leicht zu zeigen!). Ich walze den Teig aus und drücke ihn mit der Innenseite meiner Hand gegen den Tisch (siehe S. 105). Ein wesentlicher Schlüssel, um eine glatte kontinuierliche „Haut" zu bekommen, ist Spannkraft. Lassen Sie die Brotlaibe 10 Minuten liegen, damit der Teig rasten kann und formen Sie ihn noch einmal, um die Spannung der „Haut" zu maximieren. Diese gespannte „Haut" wird im Ofen zur festen Kruste. Geformte Laibe kopfüber in mit Mehl bestreute Brotkörbe geben.

Brotkörbe

Second-Hand-Läden sind gute Quellen für kleine unlackierte Korbwaren, die manchmal sehr preiswert zu bekommen sind. Brotkörbe aus dem Handel sind zwar schön und langlebig, aber relativ teuer. Die Second-Hand-Brotkörbe dürften gut fünf Jahre halten. Brot kann auch zwischen den Falten eines Segeltuches oder etwas Ähnlichem aufgehen.

Eine Bemerkung zu den Zeitangaben

In diesem Buch ist häufig von Zeitangaben wie „ca. 16 Stunden", „ca. 8 Stunden", oder „ca. 4 Stunden" die Rede. Das mag ziemlich vage erscheinen. Eine wichtige Variable in diesem Zusammenhang ist die Temperatur. Geht man mit einer niedrigeren Temperatur vor, hat man einen größeren Spielraum von ca. 16–20 Stunden. Wenn die Temperatur höher ist und alles schneller geht, können auch 20 Minuten viel ausmachen. Sie sollten allerdings Ihren Vorteil, kein Erwerbsbäcker zu sein, nutzen – und langsam vorgehen!

Wozu eigentlich Brotkörbe?

Handgemachte Sauerteiglaibe gehen langsamer auf als Hefeteig und sind außerdem meistens feuchter; daher brauchen sie Unterstützung während des Aufgehens, damit sie ihre Form halten können. Die Laibe deshalb mit einem feuchten Tuch zudecken und gehen lassen. Wenn ich es nicht eilig habe, lasse ich die Laibe 4–6 Stunden bei Raumtemperatur gehen (bei uns zu Hause 15–20 °C). Wenn ich es aber doch eilig habe, lasse ich sie 2 Stunden an einem warmen Ort gehen (z. B. in der Nähe eines Heizkörpers). Falls Sie erst später zum Backen kommen, weil Sie schlafen gehen oder zur Arbeit müssen, können Sie die Laibe 6–10 Stunden im Kühlschrank oder im Keller gehen lassen (oder, wie ich es einmal bei einem Workshop im Sommer gemacht habe, im Gepäckraum meines Autos während einer kühlen Sommernacht). Bei einer längeren und kühleren Gehzeit kann es helfen, die Brotlaibe am Schluss etwas anzuwärmen, um die Fermentation (Gärung) ein wenig zu beschleunigen.

Schritt 3c: Säuern und den Ofen heizen

Je nachdem, wann Sie Ihren Ofen aufheizen, können seine Backeigenschaften enorm variieren und damit auch Ihr Brot und was Sie mit dem Ofen am Backtag noch backen wollen. Allgemein gesagt: Sie werden den Ofen höchstwahrscheinlich zwischen einer und drei Stunden heizen – also ungefähr gleich lang wie bei der schnelleren Gehzeitvariante oben. Daher fange ich damit an, den Ofen zu heizen, gerade bevor oder gleich nachdem ich den Teig in Laibe aufgeteilt habe. An einem heißen Sommertag, an dem der Sauerteig sehr aktiv ist, sind die Laibe schneller fertig und der Ofen wird früher aufgeheizt sein müssen. An einem kalten Wintertag, an dem es im Haus nicht besonders warm ist, muss der Ofen erst später aufgeheizt sein. **Im Zweifelsfall den Ofen früher einheizen, da es leichter ist, wenn der Ofen auf das Brot wartet und nicht umgekehrt (siehe S. 94).** Meistens heizen wir unseren Ofen über zwei Stunden oder noch mehr, inklusive der Zeit zum Speichern der Hitze, sodass die Hitze intensiv genug ist, um zwei Ladungen Brot zu backen, gefolgt von Kuchen, Eintöpfen, Fleisch, Gemüse, gedämpftem Brot usw. Wenn es nur um eine Ladung Sauerteigbrot geht, heizen Sie weniger lang – was ein guter Anlass zum Experimentieren ist. Als Regel sollten Sie im Hinterkopf behalten, dass es besser ist, den Ofen zu viel zu heizen als zu wenig. Sie können den Teig aber auch noch einmal zurückschlagen (die Luft herauspressen und die Laibe neu formen) oder dessen Aufgehen beschleunigen. Irgendwie funktioniert es fast immer. Üben Sie sich in Geduld und verfallen Sie niemals in Stress.

Wenn Sie in einem gewöhnlichen Gas- oder Elektrobackrohr backen, heizen Sie mindestens eine Stunde vorm Einschieben vor, optimalerweise mit einem Backstein, Ziegeln oder mit einem anderen wärmespeichernden Material, um die Kruste des Brotes zu verbessern.

Woran merke ich, dass der Teig backfertig ist?

Der Trick ist zu backen, bevor der Teig hundertprozentig aufgegangen ist, sprich: bevor er sich in der Größe verdoppelt hat. Ich drücke meine Finger sanft in den Teig. Wenn sich die Druckstelle nur langsam wieder ausgleicht, ist der Teig soweit. Es ist besser, wenn er zu wenig als zu viel aufgegangen ist ... letztlich hilft hier die Erfahrung.

Schritt 4: Backen

Sobald die Backfläche sauber ist, aber noch bevor die optimale Backtemperatur für das Brot erreicht ist, ist der Ofen zum Backen von Fladenbroten optimal. Diese sind in einer bis zwei Minuten gebacken. Dazu Ihre 50–100 g-Bällchen ca. 6 mm dick kreisförmig ausrollen und sie danach auf den Brotschieber legen, in den Ofen schieben und zuschauen. In 30–60 Sekunden geht die Teigmasse wundervoll auf. Weitere 10–20 Sekunden im Ofen lassen, bevor Sie sie herausholen. Die intensive Hitze des Ofens verwandelt das im Teig gespeicherte Wasser in Dampf, der die Teigmasse aufbläht, bevor er aus dem Teig entweicht. Brechen Sie das Fladenbrot am besten gleich auseinander und genießen Sie es entweder mit Butter oder mit Olivenöl und Knoblauch. Sie können es auch mit Salat, Feta oder was Sie gerade zur Hand haben, essen. (Beachten Sie: Fladenbrot trocknet schnell und ist nicht lange haltbar.)

Wenn der Ofen eine gute Backtemperatur erreicht hat (vgl. S. 93 f.), das Brot aus dem Korb auf einen mit Polenta oder Mehl bestäubten Brotschieber legen. Mit einer Rasierklinge oder einem scharfen Messer in einem Winkel von 45 °C zum Laib relativ tief einschneiden. Dies verhindert das Aufreißen der Kruste, wenn das Brot im Ofen aufgeht, und führt zu einer professionell ausschauenden Kruste. Der Dampf, der die Kruste eines im Holzofen gebackenen Brotes bewirkt, wird vom Teig selbst „produziert" – jeder Kilogramm Teig gibt ca. 130 ml Wasser in Form von Dampf ab. Wenn zum Beispiel wegen einer kleinen Menge Brot Wasser hinzugefügt werden muss, um Dampf zu erzeugen, kann dies mit einem Wassersprüher gemacht werden. Wenn es regelmäßig praktiziert wird, kann das allerdings die Lebenszeit des Ofens verkürzen – es sei denn, Sie haben eine Hochdruckdüse oder einen sehr feinen Düsenstrahler, womit verhindert wird, dass sich Wasser im Ofen absetzt.

Wann ist das Brot fertig?

Ein Thermometer sollte 88 °C oder eine Spur mehr im Brotlaib messen. 93 °C ist schon zu viel – es wird zwar einigermaßen schmecken, dafür wird es aber wegen Feuchtigkeitsmangels nicht lange halten.

Andere Indizien für ein fertiges Brot kann man durch Antasten und Anklopfen sammeln – hier bedarf es aber einiger Erfahrung. Den durch Backen verursachten Verlust an Wasser bei den Brotlaiben spürt man besonders dann, wenn die Laibe groß sind; man merkt mit der Zeit schon den Unterschied zwischen einem kilogrammschweren Teigklumpen und einem fertigen Laib mit 900 g. Beim Anklopfen auf der Unterseite merkt man am hohlen Klang, ob das Brot fertig ist. Lassen Sie sich aber nicht von der härteren Kruste des Holzofenbrotes täuschen; es könnte außen zwar fertig erscheinen, die Mitte aber könnte noch ein paar Minuten benötigen.

Bedenken Sie auch, dass Brot nach dem Herausnehmen aus dem Ofen aufgrund gespeicherter Hitze noch ein wenig nachbäckt. So verlockend es auch sein mag: Sie sollten wenigstens eine Stunde abwarten, bevor Sie einen Laib anbrechen, sonst ist der Teig noch etwas gummiartig. Dies ist noch ein Grund, vorher Fladenbrot zu machen, da die Hitze im Ofen, die für Sauerteigbrot zu hoch ist, ausgenutzt wird und Sie etwas haben, was den Hunger stillt, während Sie darauf warten, dass die Laibe abkühlen. Drahtgitter sind für das Auskühlen der Laibe optimal; auf diese Weise kann die Luft um die Brotlaibe zirkulieren.

Ist Weißbrot nicht ungesund?

Nicht unbedingt. Der Buchautor Harold McGee schilderte in einem seiner Bücher, wie die Iren während der Rationierung von Lebensmitteln im Zweiten Weltkrieg gelitten haben; sie waren gezwungen, Vollkorn- anstatt Weißbrot zu essen. Bei Auszugsmehl erhöht der höhere Ausmahlgrad des Mahls die Verdaulichkeit mancher Nährstoffe (obwohl die Gesamtmenge der Nährstoffe reduziert wird). McGee schreibt: „Schwarz[Vollkorn-]brot enthält mehr Nährstoffe als Weißbrot, die wiederum schwerer aufgenommen werden können." Dies ist aber nicht alles. Das schnelle Fermentieren beim Hefebrot unterscheidet sich grundsätzlich vom langsamen Fermentieren des Sauerteigs. Bei Letzterem wird die Quantität und Vielfalt, die das Vollkornmehl an Nährstoffen bietet, erhöht.

Zutaten

Mehl

Wir verwenden stets Bio-Mehl. Für Vollkornbrot ist frisch gemahlenes Getreide das beste (und preiswerter: Getreide ist oft billiger als Mehl zu bekommen) – der Teig ist lebendiger und etwas süßer. Ich versuche immer, Hartweizen zu bekommen.

Wer Weißbrot (oder Brot mit einem Anteil Weißmehl) haben möchte, sollte zu Universalmehl anstatt zu „Brotmehl" greifen. Letzteres funktioniert natürlich auch, dafür wird die Krume wegen des höheren Eiweißgehaltes elastischer. Universalmehl enthält weniger Klebereiweiß, was das Brot fester und krümeliger macht. Roggen enthält unterschiedliche Anteile an glutenbildenden Proteinen, aber weniger Kleber. Gase im Roggenteig werden anstatt von Gluten von Zuckerketten (genannt Pentosan, das sehr klebrig wird, wenn es angefeuchtet wird) eingefangen.

Manche Leute, die glauben, sie seien gegen Gluten allergisch, sind in Wirklichkeit gegen Weizen oder Hefe allergisch; sie müssten aber Roggensauerteigbrot vertragen können. Bei tatsächlicher Glutenunverträglichkeit darf man aber auch Roggenbrot nicht essen.

Ein weiterer, wenig bekannter Vorteil von Vollkornmehl ist ein höherer Mineralgehalt gegenüber Weißmehl, was dem Säuerungsprozess hilft, auch wenn nur wenig beigemischt wird.

Wasser

Die Menge an hinzugefügtem Wasser hängt davon ab, welche Qualität der Teig haben soll und was für Mehl verwendet wird. Je mehr Eiweiß das Mehl enthält, desto mehr Wasser kann es aufsaugen. Teige variieren in ihrer Feuchtigkeit; das Spektrum reicht von den steifen Teigen aus Lateinamerika bis hin zu dem feuchten, glatten Teig, den man zur Herstellung von Ciabatta braucht. Im Allgemeinen gilt: Je weicher und feuchter der Teig, desto dehnfähiger, unregelmäßiger und zäher die Krume.

Kalkhaltiges oder chloriertes Wasser kann die Säuerung des Teigs hemmen. Bei Ersterem können Sie das Wasser in Flaschen kaufen; bei Letzterem das Wasser über Nacht in einem unbedeckten Behälter stehen lassen, während das Chlor evaporiert (entweicht).

Salz

Jodiertes Salz vermeiden. Meersalz bekommt man relativ preisgünstig im Naturkostladen. Es spricht nichts gegen die ganzen Gourmetsalze, die es heutzutage gibt, aber Sie sollten schauen, dass diese fein gemahlen sind, damit die Glutenstränge nicht zerrissen werden.

Salz hemmt die Fermentation. Bäcker verwenden Salz, um das Fermentieren unter Kontrolle zu bringen, um feuchteres Brot zu machen, um den Geschmack zu verbessern, um die Kruste zu färben und um das Gluten zu stärken, sodass der Teig mehr CO_2 während des Aufgehens einfängt. (Es ist ja die Fähigkeit des Glutens, CO_2 einzufangen, welches das Aufgehen überhaupt ermöglicht. Deswegen ist Weizen bei den Getreidesorten, die für gesäuertes Brot in Frage kommen, erste Wahl.)

Überbrühen

Das Überbrühen des Mehls mit heißem Wasser ist eine uralte Methode, die die Speisestärke im Mehl für das Fermentieren empfänglicher und den Teig süßer macht. (Toskanisches, ungesalzenes Brot wird mit überbrühtem Mehl gemacht; zum Teil, um den Geschmack zu verstärken.) Diese Methode könnte aus der Braukunst übernommen worden sein, wo man sie anwendete, um das Fermentieren zu beschleunigen und die Alkoholausbeute zu erhöhen. Ein anderer Vorteil dieser Methode ist unter anderem die höhere Wasseraufnahmefähigkeit des Teiges, was zu einer feuchteren, weicheren Krume führt und den Brotlaib nicht so leicht austrocknen lässt. Ein Pizzateig aus Vollkornsauerteig kann auch durch das Überbrühen schön zart gemacht werden. Wir haben diese Technik auch erfolgreich bei dem eiweißarmen Weichweizen, der hier in Oregon wächst, angewendet.

Monica Spiller hat die verschiedenen Anwendungen des Überbrühens erforscht; über dieses Thema ist vieles auf ihrer Homepage *www.barmbaker.com* zu finden.

Die „Bibel" für das Backen im Holzofen

... haben wir zwar nicht geschrieben, aber ich glaube, es ist beim Backen so (wie bei auch anderen Themen), dass unmittelbare Erfahrung der beste Wegweiser ist. Darüber hinaus haben wir, anstatt jene Rezepte zu sammeln, die man sowieso in vielen Kochbüchern findet, eine Art Tagebuch verfasst, in dem wir alles Mögliche festgehalten haben – angefangen von verwendeten Techniken über das Einheizen bis hin zu dem, was wir gebacken haben und wie es gelungen ist. Alles dies – sowie Sonstiges, das unseren Lesern gefallen dürfte – kann im Archiv der Netzseiten von handprintpress.com gefunden werden.

Üblicherweise überbrühen wir beim Backen des Brotes ein Zehntel des Mehls oder weniger (aber mehr, wenn wir Weichweizen verwenden). Gießen Sie bei andauerndem Rühren kochendes Wasser auf das Mehl; bei unserem Rezept: 350 ml kochendes Wasser auf 120 g Mehl. Danach 350 ml kaltes Wasser dazumischen, bis die Masse weich wie ein Brei ist. Auf Raumtemperatur abkühlen lassen (abdecken, um die Bildung einer Haut zu vermeiden). Dann in den Hauptteig einarbeiten (abzüglich der 120 g Mehl und 700 ml Wasser vom Ausgangsrezept). Experimentieren Sie hier ruhig ein wenig.

Starterkultur

Kommen wir jetzt zum Thema Starterkultur: Starterkultur, Treibmittel, Sauerteig sind alles Begriffe, die eine fermentierte (gesäuerte) Mischung aus Mehl und Wasser beschreiben. Diese fördern das Wachstum der wilden Hefen, bis diese stark genug sind, den Teig aufgehen zu lassen. Hier stellt sich das „Wunder" des Brotbackens ein: Mischen Sie 30 g Mehl und 30 ml Wasser bei Raumtemperatur. Ein paar Tage stehen lassen, bis sich Luftblasen bilden und der Geruch von Hefe im Raum ist. Dann einen Teil der Masse wegnehmen und für das nächste Mal aufbewahren; zu dem anderen Teil noch einmal 30 g Mehl und 30 ml Wasser geben. Das Ganze 8 Stunden bei Raumtemperatur rasten lassen. Die Erfahrung des Autors ist, dass es am besten ist, diesen Vorgang alle 8 Stunden für 1 bis 2 Wochen zu wiederholen. Wenn die Masse langsam stärker wird, zeigen

Brotlaibe einschieben: In schneller Folge den Brotschieber mit Polenta bestreuen, den Laib aus dem Korb daraufkippen, diesen einschneiden und dann in den Ofen schieben – mit hilfreichen Händen geht es leichter!

sich immer mehr Luftblasen. Nach ein paar Wochen sollte der Sauerteig fertig sein.

Sobald die Starterkultur stark genug ist, um Brot zu treiben, muss weder auf die Raumtemperatur noch auf Sonstiges geachtet werden. Mein Sauerteig befindet sich 12 von 14 Tagen im Kühlschrank. Erst 16 Stunden vor dem Gebrauch kommt er heraus (siehe Schritte 1 und 2). Vergessen Sie aber nicht, nach dem zweiten Ansetzen etwas Sauerteig in einem sauberen Glas (um Schimmel vorzubeugen) zurück in den Kühlschrank zu geben.

Sauerteig – wie viel?

Eine andere Weise, die Fermentationsgeschwindigkeit des Teigs zu steuern, ist, die Menge des Sauerteigs zu ändern. Ich tendiere zur Devise „Weniger ist mehr", da die Halbierung der Sauerteigmenge das Fermentieren *nicht* halbiert. Die Geschwindigkeit ist so zwar langsamer, aber mein Eindruck ist, dass der Teig noch stärker arbeitet – wie ein Arbeitspferd anstatt eines verzärtelten Ponys, um es salopp zu sagen. Üblicherweise macht der Sauerteig 6–12 % des Endgewichts des Teigs aus; bei manchen Rezepten sollen es bis zu 30 % sein.

Wenn der Sauerteig schimmelt

Bei minimalem Schimmel schneide ich den schlechten Teil weg und verwende den Rest. Wenn der ganze Sauerteig betroffen ist, ist er nicht mehr zu verwenden. Dann müssen Sie von vorn anfangen.

Frisch gebackenes Brot: Es ist wirklich schwierig, den Zauber eines Lehmbackofens mit einem Foto einzufangen. Die Hitze selbst ist nicht sichtbar. Das Gefühl, einen kalten Klumpen Teig in die dunkle Leere zu schieben und 30 Minuten später zu entdecken, dass ein goldener warmer Laib daraus geworden ist, lässt sich nicht fotografieren. Bei dieser arrangierten Aufnahme (mit Blitz im Ofen) kann diese Stimmung annähernd vermittelt werden. (Foto: Milan Chuckovich) ▲

Wie wichtig ist die Konsistenz des Sauerteigs?

Wenn das Brot wirklich jedes Mal die gleiche Qualität erreichen soll, ist die Konsistenz des Sauerteiges von Bedeutung. In den acht Jahren seiner Existenz durchlief mein Sauerteig eine ganze Reihe von Konsistenzen, nämlich als „Pfannkuchenteig", „Erdnussbutter", „Frischkäse" und heute als ganz normaler Brotteig. Die Konsistenz des Sauerteigs wirkt sich auf den Brotteig aus, was aber nichts macht: Keine der Konsistenzen ist schlecht! Sauerteig ist belastbar. Behandeln Sie ihn mit Liebe und Sorgfalt und er hält ein Leben lang.

Prinzipien des Brennens

Die Metaphysik des Feuers

In der Biologie gibt es zwei Grundgleichungen: die Gleichung des Brennens und die Gleichung der Photosynthese. Die Photosynthese ist der Vorgang, bei dem sich Energie, Kohlendioxid, Wasser und Mineralien kombinieren, um das „lebendige Fleisch" der Pflanze zu werden. Sonnenlicht liefert die Energie und die Erde bietet die Mineralien an. In Kombination mit Kohlendioxid und Wasser ist das alles Leben.

Und was ist mit denjenigen Lebewesen, die pures Sonnenlicht, Regen, Luft und Erde nicht direkt verwerten können? Für sie ist der Vorgang des Brennens die grundlegende chemische Reaktion; es stellt das chemische Verhalten von Sauerstoff mit dem „Rest der Welt" dar. Selbst Metall brennt bei ausreichend hoher Temperatur. Bei niedrigeren Temperaturen gehen die Prozesse nur langsamer vonstatten und nennen sich Rosten, Oxidieren oder Stoffwechsel (in Lebewesen).

Wie man es auch immer bezeichnen mag: Die meisten Materialien auf dieser Welt „brennen" fast die ganze Zeit. Es ist wohl ein Wunder, dass die Erdatmosphäre einen Sauerstoffanteil enthält, der knapp unter dem Niveau der Selbstentzündung liegt. Wenn man ein brennendes Zündholz in Berührung mit etwas Entzündbarem bringt, wird durch die Hitze eine bereits laufende chemische Reaktion zwischen Brennstoff und Sauerstoff beschleunigt. Die Energie von dem Zündholz „feuert" diese Reaktion an, bricht chemische Bindungen und setzt so mehr Energie frei, die wiederum weitere chemische Bindungen bricht. Mit ausreichend Brennstoff und Sauerstoff beschleunigt sich die Reaktion, wenn sie durch nichts abkühlt wird.

Die Art des Brennstoffes und die Geschwindigkeit der Reaktion sind variabel. Brennstoff ist eine Kombination aus Kohlenstoff und Wasserstoff – bei „fossilem Brennstoff" handelt es sich um Kohlenwasserstoffe von versteinerten Körpern einst lebender Pflanzen zu „Kohlenhydraten" (Zucker und Stärke) oder weitere höhere Kohlenwasserstoffe (Eiweiß und Fett). Der Stoffwechsel im Körper vollzieht sich in einer verhältnismäßig sehr langsamen Geschwindigkeit, deshalb verbrennen wir auch nicht plötzlich; die Kalorien aber, die wir einnehmen, verbrennen wir tatsächlich. Sauerstoff reagiert mit Kohlenstoff und Wasserstoff, was Kohlendioxid, Wasser und Energie (ausreichend, um die Körpertemperatur auf 37 Grad zu halten) produziert.

Das Brennen eines Lagerfeuers ist nicht mehr als eine beschleunigte Version von dem, was der Körper an muskulärer und nervöser Energie produziert, um zum Beispiel eine Flasche Milch im Supermarkt aus dem Kühlregal zu holen. Das Brennen des Lagerfeuers ist aber auch langsamer als das (explosive!) Brennen von fossilem Brennstoff im Automotor, während Sie vom Supermarkt nach Hause fahren.

Was hat das Ganze jetzt mit Öfen und Brot zu tun? Alles! Die menschliche (und planetarische) Geschichte beginnt (und endet vielleicht auch) mit einem einzigen Thema: Was, wann, wo, warum und wie (ver-)brennen wir?

Egal ob Sie es Wissenschaft, Religion oder Zauberkunst nennen: Das Brennen ist eine außergewöhnliche und wesentliche Tatsache des Lebens, die Respekt gebietet, besonders im Hinblick darauf, dass das Feuer im Ofen und in Ihrem Bauch der gleiche wundervolle Vorgang ist. Brot ist Sonnenlicht, das im Getreidekorn gespeichert, im Wasser getauft, vom Gärungsprozess beseelt und durch das Feuer wieder und wieder umgewandelt wird.

Trockenes, gut aufgespaltenes Holz erhöht die Effizienz des Feuers. ▲

Effizientes Brennen

Wer, um Essen zu kochen, Gehölz sammeln gehen müsste, würde sicher schauen, dass er beim Kochen möglichst wenig davon braucht. Hier zeigt sich eine praktische Definition von Effizienz. Eine andere Definition könnte sein, Brennstoff so zu verbrauchen, dass unser Verbrauch das Wohl des Miteinanders weder vermindert noch bedroht, zum Beispiel durch das Dezimieren der Wälder oder durch den Rauch, der in die Fenster des Nachbarn zieht. Im Feuer selbst bedeutet Effizienz die optimale Mischung von brennbaren Stoffen, sodass der Brennstoff nicht nur zündet, sondern auch vollkommen verbrennt. Ein hundertprozentig effizientes Feuer würde gar keinen Rauch pro-

Ein gutes, effizientes Feuer entwickelt praktisch keinen Rauch. ▲

duzieren, da Rauch nichtverbrannter Brennstoff ist. Ein „schmutziges" ineffizientes Feuer lässt Brennstoff (Rauchgase) entweichen. Drei Variablen bestimmen, wie gut, wie sauber und wie effizient das Feuer brennt: Zeit, Temperatur und Turbulenz.

Zeit und Temperatur

Wenn man zwei Stöcke gegeneinanderreibt, entzünden sie erst, wenn durch Reibung und Druck die Zündtemperatur erreicht wird und diese Temperatur lang genug erhalten bleibt, um die Zündung auszulösen und die Verbrennung stabil zu halten. Trockenes Brennmaterial entzündet leichter, weil keine Feuchtigkeit die Reibung reduziert und abkühlt, was die Zündung bremst oder völlig unmöglich macht.

Ein brennendes Zündholz zum Papier zu bringen, beschleunigt deutlich die Reaktion und ein guter trockener Brennstoff garantiert die höchste Temperatur. Aber wie kann man sicherstellen, dass der brennende Brennstoff gut mit heißer Luft, die zum Brennen benötigt wird, gemischt ist? Was macht man nach dem Aneinanderreiben zweier Stöcke, wenn Rauch und etwas Feuer zustande kommen? Man *bläst* darauf. Nicht so stark, dass es abkühlt, aber gerade genug, um Sauerstoff hineinzubringen und das Ganze richtig zum Brennen zu bringen. Dieser durch Blasen verursachte Vorgang ...

Turbulenzen

... entsteht durch eine Strömung, die nicht nur den Sauerstoff ins Feuer bringt, sondern diesen auch ordentlich mit brennbaren Gasen durchmischt, sodass alles so vollständig (und sauber) wie möglich verbrennt. Der genaue Ort dieser Turbulenz ist wesentlich. Wenn einströmende Luft um den Ofenmund herumwirbelt, wird dies die Zufuhr von Luft zum Feuer verhindern, die Intensität des Feuers verringern und es abkühlen. Das Ganze verursacht im Endeffekt, dass das Feuer rauchig wird. Die Luft braucht einen direkten Weg zum Herzen des Feuers und dort sollte die Turbulenz sein. Mit einem Blasrohr sieht man das Phänomen gleich: Je näher mit einem Blasrohr Luft ans Feuer gebracht wird, desto heller brennt das Feuer an dieser Stelle.

Wie Hitze im Mauerwerk funktioniert

Wenn Sie ein gutes Feuer zustande gebracht haben, können Sie sehen, wie sich die Hitze des Feuers im Ofen selbst verhält, wo sie später zum Backen verwendet werden soll. Hier gelten ähnliche Prinzipien wie vorher beschrieben, aber in einer anderen Weise: Nun geht es nämlich darum, wie etwas heiß wird, ohne zu verbrennen. Massive Öfen, seien sie aus Lehm, Ziegeln oder Stein, nehmen auf ähnliche Weise Hitze auf, wie ein Schwamm Wasser absorbiert. Dieser Prozess wird von folgenden Prinzipien bestimmt:

Wärmeübertragung

Die Wärmeübertragung läuft wie ein Tanz ab, aber mit einer Ausnahme: Ungleich den Menschen, deren Körper während des Tanzens wärmer werden, beginnt die Wärmeübertragung heiß und kühlt immer mehr ab. Das Tempo des „Tanzes" hängt von den Eigenschaften der Materialien und dem Temperaturunterschied ab. Je größer der Temperaturunterschied, desto schneller die Wärmeübertragung (daher der Tipp, kleine Stücke Holz zu verwenden, um den Ofen schnell heiß zu machen).

Aber auch das Material selbst ist sehr wichtig. Nehmen wir zum Beispiel den morgendlichen Kaffee und das morgendliche Brot: mit 93 °C ist der Kaffee brühend heiß; der Ofen aber, in dem man z. B. das Brot wärmt, um die Butter schmelzen zu lassen, ist bei der gleichen Temperatur erst „warm". Die Temperaturen sind zwar gleich, sie werden aber unterschiedlich empfunden. Wie kommt das?

Leitfähigkeit und Widerstand

Stellen Sie sich vor, Sie seien ein Brotmolekül, also ein winziger Bestandteil des ganzen Laibs. Sie teilen den Raum (Laib) mit Ihren Molekular-Freunden und halten sich gegenseitig fest vernetzt an Ihren Händen, aber locker aufgestellt. Wegen des „vernetzten" Haltens an den Händen kann man sich kaum bewegen und nur selten stoßen Sie mit jemandem zusammen. Dadurch gibt es wenig gegenseitige Reibung, wodurch wenig Hitze entsteht und auch nicht übertragen wird. Ihre *Hitze* bleibt bei Ihnen. Schlussfolgerung: Brot ist ein *schlechter Wärmeleiter*, weil es der *Wärmeübertragung widersteht*.

Beim Kaffee hingegen ist nicht nur die Struktur dichter und schwerer (mehr Moleküle auf engem Raum = dichter stehende Menschen), sondern es gibt auch kaum Vernetzungen (kein Halten an den Händen). Anstatt fest vernetzt zu sein, laufen alle herum, bewegen ihre Arme und reiben aneinander. Die Spannung ist ansteckend: Wenn sich einer bewegt, werden alle anderen gerüttelt und gestoßen und die Energie wird weitergegeben. Das heißt: wenig Widerstand, gute Leitfähigkeit.

Dann gibt es noch einen leeren Raum ohne Moleküle; kein Material, keine Bewegung, minimale Wärmeübertragung. Dieses Vakuum ist der beste Isolator.

Wärmeübertragung erfolgt also in verschiedenen Materialien auf verschiedene Art und Weise. Im Wasser oder Metall erfolgt die Wärmeübertragung schnell und frei; im Brot geht es langsam und stockend. Ton und Lehm sind beide sozusagen voller vernetzter Moleküle aber mit relativ viel Raum dazwischen; also gibt es nur wenig Bewegung, dafür gibt es aber viele Körper, die, weil sie eng zusammenstehen, die Hitze miteinander teilen. Hoher Widerstand, geringe Leitfähigkeit bei einer hohen Kapazität, Wärme zu speichern – dies macht das Material aus, das für einen Backofen geeignet ist. Es ist überdies ein gutes Beispiel für eine „wärmespeichernde Masse".

Wärmespeichernde Masse

Wieviel Wärme eine thermisch wirkenden Masse speichern kann, ist abhängig vom Gewicht, der Leitfähigkeit, dem Widerstand und der Fähigkeit einer Substanz, Wärme zu speichern. Wenn man diese Parameter im Ofenbau berücksichtigt, kann man abschätzen, für welche Menge gespeicherter Hitze man welche Menge Brennstoff benötigt. In der Praxis heißt das, die Dicke (thermisch wirkende Masse) der thermisch wirkenden Masse an die eigenen Bedürfnisse anzupassen: ein Pizzaofen, in dem das Feuer durchgehend brennt, kann mit einer Ofenlehmschicht von 2–3 cm und einer Unterbodenstärke von 10–15 cm gebaut werden; ein Ofen, der nur begrenzt ab und zu im Einsatz kommt, kann überall 10–15 cm dick sein; ein Ofen, der täglich und kontinuierlich im Einsatz sein soll, kann sogar überall 20–30 cm dick sein (sobald er heiß ist, bleibt er mit wenig zusätzlichem Brennstoff in der Folge heiß).

Isolierung

Isolierung ist das, was die Hitze *im* Ofen hält, anstatt sie nach außen entweichen zu lassen; hier spielt die *Dicke der Schicht* eine ausschlaggebende Rolle (mehr Decken machen ein wärmeres Bett). Die Isolierung *verlangsamt* die Wärmeübertragungsrate, weil sie der Bewegung bzw. Wärmeleitung widersteht. In der Praxis nimmt der Wärmeschutzwert bei abnehmender Isolierstoffdichte zu. Das heißt: Je geringer das Gewicht des Isolierstoffes, desto besser; Lehm ist besser als Stein, Holz ist besser als Lehm, Sägespäne sind besser als Vollholz.

Bedenken Sie auch, dass die Wärmeübertragung bei einem Gas oder einer Flüssigkeit durch Konvektion erfolgen kann, also isoliert in Wirklichkeit nur eingefangene Luft. Manche Ofenbauer isolieren den Unterboden mit einer Schicht Glasscherben, was mir viel weniger sinnvoll erscheint als ungebrochene Flaschen. Bei ganzen Flaschen kommt viel weniger Gewicht und zur gleichen Zeit viel mehr eingefangene Luft zusammen. Außerdem müssen Sie sich keine Sorgen machen, wenn der Ofen das Gebrauchsende erreicht hat.

Die Effizienz eines Ofens testen

Alan Scott, Baumeister für Ziegelöfen für Erwerbs- und Hausgebrauch, isoliert nicht nur seine Öfen, sondern er isoliert sogar die komplette Backfläche vor Wärmeleitungsverlusten. Die beste Arbeitsleistung, die er von einem seiner Öfen berichtet hat, war die Erzeugung von Brotlaiben aus 286 kg Teig mit 59 kg Holz, die mit 16 1/2 Mal Einschieben gebacken werden konnten. Das sind fast 5 kg Teig je kg Holz (das Verhältnis sinkt auf 4,2 zu 1, wenn es um gebackenes Brot anstatt nichtgebackenem Teig geht). Zum Vergleich: Dean Still vom Aprovecho Institute hat 1999 berichtet, dass er 30 kg Brot mit 5 kg Holz in einem Winiarski-Ofen gebacken hat (Verhältnis Brot : Holz – 6 : 1).

Wir haben einmal an einem Backtag 7,3 kg Holz verbrannt und 10,9 kg Teig, ein paar Kuchen, einen Topf mit Bohnen, Gemüse sowie vier Liter Milch zur Joghurtherstellung gebacken, gekocht oder aufgeheizt. Zum Schluss haben wir das Holz für den nächsten Backtag getrocknet. Vorbereitetsein hilft!

Ein Ofen mit viel Masse braucht zwar länger, bis er richtig aufgeheizt ist, dafür hält er aber die Hitze auch länger. ▲

Die Masse so gut wie möglich nutzen

Die Eigenschaften von Hitze und Lehm ermöglichen eine gute, anhaltende Backhitze. Aber die ganze Masse des Ofens auf Backtemperatur zu bringen, benötigt *weitaus* mehr Brennstoff als benötigt wird, um eine Ladung Teig zu backen – ganz zu schweigen von der Hitze, die in die Umwelt und an den Ofenwänden verlorengeht. Wenn Sie also den Ofen nur für eine oder zwei Stunden verwenden, gelangt die im Ofen verbleibende Hitze früher oder später in den Boden und in die Luft.

Demzufolge kann für sporadischen Gebrauch und/oder kleinere Mengen zu kochendem Essens ein massearmer, sogenannter Winiarski-Ofen effizienter sein (siehe S. 134 ff.). Der ist aber nicht aus Lehm. Gibt es einen Lehm- oder Ziegelofen, der effizient ist? Die Antwort lautet: *Jein*. Der Ofen an sich ist eigentlich nur ein Teil der Herausforderung, da die Hitze in einem täglich verwendeten, gut isolierten Ofen nie komplett abkühlt, was das Backen von vielem Brot mit wenig Holz ermöglicht (siehe S. 118).

Obwohl es schon stimmt, dass Lehmbacköfen grundsätzlich Hitze verschwenden, sei es beim Einheizen oder beim Abkühlen, trifft es auch zu, dass ein gut konzipierter und gebauter Lehmbackofen, der von einem routinierten Bäcker verwendet wird, effizient sein kann. Auch wenn man nur ein Mal im Monat backt, kann der Verlust an Hitze (und die Arbeit des Holzholens) bei bestmöglicher Isolierung und optimalem Gebrauch minimiert werden. Kochen Sie zum Beispiel weiter, wenn das Brot fertig ist. Oder teilen Sie den Ofen mit Freunden und Nachbarn, damit der Backtag zu einem wöchentlichen Fest wird. Dieses „gesellschaftliche Ereignis“ kann weder in Kilogramm noch Euros, noch in Wärmeeinheiten gemessen werden.

Über Rauchabzüge

Ich habe lange Zeit für einen Rauchabzug plädiert, um den Luftzug, das Brennverhalten und die Effizienz zu verbessern. Diese Empfehlung gründete auf der Beobachtung, dass das Feuer in einem Ofen mit einem Rauchabzug heller und heißer brennt. Mittlerweile verstehe ich besser, wie vielschichtig das Thema Effizienz ist. Heute bin ich nicht mehr überzeugt, dass Öfen mit einem Rauchabzug effizienter sind. Außerdem habe ich eine praktische Feuerungstür perfektioniert, die überdies wie ein sehr kurzer, abnehmbarer Rauchabzug funktioniert. Ich finde, diese Tür ist im Vergleich zu einem kompletten Rauchabzug praktischer, einfacher und schneller – und beim Einheizen genauso effektiv.

Manche Leute wollen einen Rauchabzug, um Probleme mit Rauch zu minimieren. Aber selbst ein großer Rauchabzug leitet den Rauch nicht immer weit genug weg, um dieses Problem zu lösen. Sie sollten auch im Hinterkopf behalten, dass ein Feuer quasi etwas „Lebendiges“ ist und die Qualität des Brennverhaltens davon abhängt, wie Sie das Feuer unterhalten, mit ihm umgehen usw. Feuchter Brennstoff wird rauchen. Zu viel Holz, das zu schnell nachgelegt wird, verursacht eine Temperaturabsenkung, die auch Rauch produziert.

Nichtsdestoweniger gibt es Situationen, bei denen ein Rauchabzug Sinn ergibt – zum Beispiel im Gebäude, aber auch in geschützten Lagen, wo ein Rauchabzug den Rauch hinauf- und hinwegzieht.

Bitte jedoch nicht einfach ein Loch oben im Ofen bohren. Die Luft- und Hitzeströmungen folgen dem kürzesten Weg vom Brennen zum Auspuff, weswegen ein zentral stehender Rauchabzug zu viel Hitze abführt. Besser ist, wenn das Feuer und die Abgase im Ofen möglichst lang herumwirbeln können, um die Hitze des Feuers auszunutzen.

Rauchabzug vorne oder hinten?

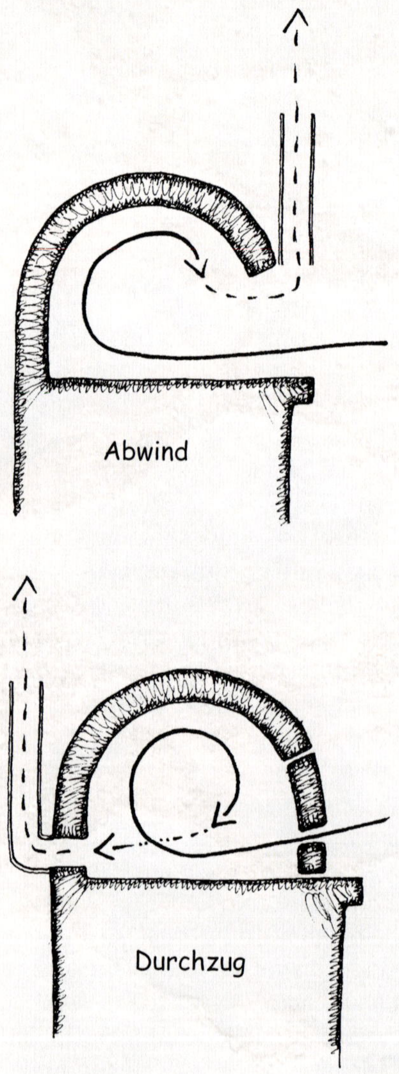

Der Rauchabzug vorne benötigt keine zusätzliche Feuerungstür und keine Ofenklappe

Ich erziele die besten Ergebnisse mit dem grundlegenden „Fallstromdesign" eines rauchabzuglosen Ofens, bei dem frische Luft beim Ofenmund unten hineinfließt, das Feuer überquert, zur Decke emporschießt und herumwirbelt, bis sie aus der oberen Hälfte des Ofenmundes wieder herausfließt. Demnach baue ich den Rauchabzug direkt über dem Ofenmund. Hintenstehende Rauchabzüge funktionieren zwar auch, aber nach meinen Erfahrungen wird zu viel Holz zu schnell verbraucht. Außerdem benötigen solche eine extra Absperrvorrichtung, um den Verlust an Hitze während des Backens zu verhindern.

Für einen 60 cm-Ofen reicht ein Ofenrohrdurchmesser von 10 cm. Bei 72–96 cm Öfen empfehle ich ein 15 cm-Rohr. Empfehlenswert ist das Ausprobieren mit einem temporären Metallrohr, eingerolltem Blech, einem Tonrohr usw.

Um gut zu funktionieren, muss sich jede Art von Rauchabzug schnell erwärmen; sie könnten ihn deshalb zu massiv oder zu hoch bauen. Alan Scott hat darauf hingewiesen, dass die Rauchabzugshöhe nicht mehr als die Tiefe des Ofens betragen muss. Eine gleichmäßige Luftströmung trägt auch zu einem guten Zug bei, deshalb ist es empfehlenswert, Kurven glatt und einfach zu machen. Letztlich sollte er schnell heiß werden; verwenden Sie dünnes Metall oder isolierten Lehm. (Probieren Sie einmal, in Tonbrei getunkte Strohhalme spiralförmig aufzuwickeln – so als wenn Sie ein Gefäß formen wollten.)

TIPP

Bei Rauchabzügen für den Innenbereich sollten Sie sichergehen, dass Ihre Ideen mit den baurechtlichen Vorschriften übereinstimmen. Fragen Sie einen Kaminbauer, um sicherzustellen, dass keine Risse in dem Rauchabzug entstehen können. Klären Sie mit diesem weiter ab, was einen Rauchabzug verrußen läßt oder Schlimmeres verursachen könnte.

Ein dekorativer Rauchabzug für einen „bildhauerisch gestalteten" Ofen kann leicht mit aufeinandergestapelten Metalldosen, die mit Lehm abgedichtet werden, hergestellt werden. Rohre aus Karton, die später wegbrennen, habe ich auch zu diesem Zweck verwendet (Vorsicht bei einem langen Abzugs, da Kartonrohre qualmen und einrollen können, was die Luftströmung blockiert und Schwierigkeiten beim Entfernen des Kartons verursacht).

Wenn Sie vorn einen Rauchabzug bauen, dann so, dass der Rauchabzug auch mit geschlossen wird, wenn Sie den Ofen schließen. Sicherstellen, dass die rauchabzugtragende Struktur groß genug ist, um für die Ofentür Platz zu bieten. Sie werden vielleicht auch eine metallene Feuerungstür machen wollen, um die Luftströmung besser steuern zu können (siehe S. 62–66, 91). Es geht freilich auch ohne – und bei Bedarf können Sie auch ein Backblech verwenden oder Ziegel stapeln.

Weitere Grundsätze

Im Folgenden einige Hinweise, die Ihnen beim Verständnis der Wirkungszusammenhänge von Hitze und Öfen helfen könnten:

Oberfläche

Wenn Hitze im Grunde Bewegung (kinetische Energie) ist, ist ein Ofen im Endeffekt ein Mittel, die Bewegung bzw. die Energie des Feuers einzufangen. Denken Sie zum Beispiel über den morgendlichen Tee nach: Sie sind in Eile und können die Flamme nicht heißer stellen, als es möglich ist; aber Sie können einen kleineren oder größeren Wasserkessel wählen. Ganz offensichtlich nimmt der Kessel mit dem breiten Boden mehr Hitze auf, also werden Sie diesen wählen. Sobald der Tee zubereitet ist, wollen Sie ihn möglichst lang warmhalten. Deshalb werden Sie den Tee in eine Tasse gießen, die im Verhältnis höher als breit ist, anstatt diesen in eine flache Schüssel zu geben.

Die Größe der Oberfläche maximiert oder minimiert die Wärmeübertragung. Wie aber kann man die Wärmeübertragung im Inneren des Ofens auf ein Höchstmaß bringen, während man diese zur gleichen Zeit auf der Außenseite möglichst kleinhält? Natürlich würde es keinen Sinn ergeben, den Ofen 15 cm hoch x 3 m breit zu bauen (das Feuer würde erstickt werden), aber Sie könnten die Innenoberfläche vergrößern, indem Sie sie wellenförmig gestalten, und die Außenoberfläche verkleinern, indem Sie sie schön glatt verputzten.

Raffiniertere Modelle haben eine große Anzahl von Rohren und Be- und Entlüftungen, die es ermöglichen, fast die ganze Hitze des Feuers im Ofen zu speichern, bevor diese durch den Kamin entweicht. Und es gibt den massearmen,

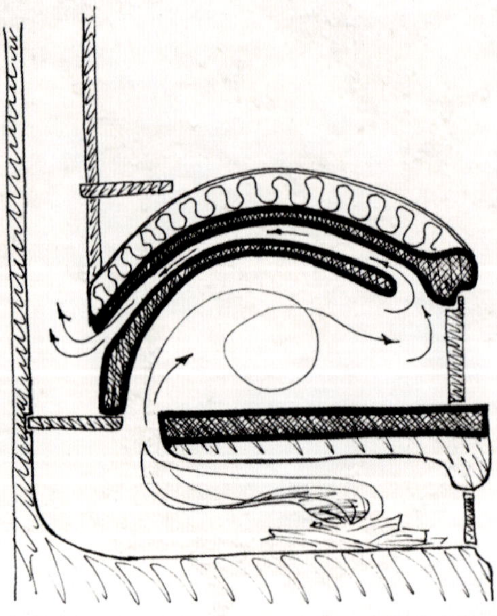

MEHR OBERFLÄCHE HEISST, MEHR HITZE AUFNEHMEN

Um die der Hitze ausgesetzte Oberfläche zu maximieren, wird bei diesem Entwurf der ganze Ofen von den Wärmeabgaben des Feuers umhüllt, das unter der Backfläche brennt. Der schmale Abgaskanal ist im Grunde ein Hohlraum zwischen zwei Hüllen thermischen Materials, was schwierig zu bauen ist. Der Ofen benötigt zusätzliche Trennplatten und mehrere Türen, um die Wärmeübertragung zu bewältigen, die eintritt, sobald der Ofen heiß ist (Zeichnung nach einem Entwurf von Paul Mery).

höchst effizienten Winiarski-Ofen (siehe S. 134), der aus einem schnell brennenden „Rocket Stove“ (auch „Germanenofen“ genannt) und einem Abzugsrohr besteht, um einen Metallbehälter schnell zu erhitzen.

Luftzug

Der Luftzug ist eine aufwärtsfließende Luftströmung, die entsteht, wenn aufsteigende leichte Luft schwerere Luft nach zieht (Kamineffekt genannt). Wärmere Luft ist relativ leichter, steigt also auf. Wenn diese Säule warmer Luft in einem Kamin umschlossen wird, was die Zugwirkung in einem kleineren Bereich konzentriert, erhöhen Sie diese.

Kaminzugwirkung

Wenn Sie die Länge des Rauchabzugs verlängern, erhöhen Sie die Geschwindigkeit des Luftzugs im Kamin, weil der Unterschied des Luftdrucks von unten nach oben erhöht wird. Große industrielle Müllverbrennungsanlagen haben kegelförmige Rauchabzüge, um den Inhalt des Rauchabzuges zu minimieren, was das Gewicht der obenstehenden Luft und dessen Druck nach unten reduziert (Düseneffekt).

Rauchabzüge, Lufttrichter und Ofenklappen

Ein Rauchabzug und eine Feuerungstür mit Lüftungsöffnung können die Turbulenz und den Brennvorgang verbessern, indem sie wie eine „Venturi-Düse“ wirken. Diese Wirkung sieht man leicht bei einem Gartenschlauch,

Ein Rauchabzug und Lüftungsöffnungen in der Feuerungstür können durch ein Erhöhen der Turbulenzen den Brennvorgang verbessern. ▲

bei dem man die Mündungsgröße reduziert, dabei den Wasserstrom beschleunigt und dessen Druck erhöht. Das Gleiche gilt auch für Luft; in Anbetracht eines gleichen Zuges oder der gleichen Rauchabzugsgröße gilt: Je kleiner die Öffnung zum Ofen, desto rascher fließt die Luft. Je schneller die Luft fließt, desto mehr Turbulenz und desto besser mischt sich das Feuer mit dem Sauerstoff. In einem Schlauch presst der Druck das Wasser hinaus. Bei einem Ofen zieht der vom Rauchabzug erzeugte Zug die Luft hinein. Um diese Wirkung beim Ofen zu verstärken, sollte die Einlass- kleiner als die Ablassöffnung sein.

Die Geschwindigkeit des Kaminzugs steuert die Sauerstoffzufuhr zum Feuer, was wiederum die Qualität des Feuers beeinflusst. Die Größe des Rauchabzugs hat also eine direkte Wirkung darauf, wieviel Luft durch eine Öffnung bestimmter Größe gezogen werden kann – ganz gleich, ob es sich um einen Ofen, eine Darre oder ein Gebäude handelt. (Die Darre ist eine seit langem bekannte Einrichtung zum Trocknen von Lebensmitteln und Gebrauchsgütern mit Hilfe von Hitze.) Ein Backofen für den Hausgebrauch wird klein genug sein, sodass Überlegungen zum Kaminzug nur nachrangig sind – außer Sie möchten versuchen, die Oberfläche durch ein komplexeres Design zu vergrößern.

Druck und Temperatur

Luft hat wie Wasser ein Gewicht, das wiederum Druck erzeugt. Die Temperatur beeinflusst den Druck, denn die Lufttemperatur bedingt, wie viel Luft in einen bestimmten Raum hineinpasst. Beim Maßstab eines Hauses können hohe Decken, offene Treppen oder eine hohe Anzahl an Be- und Entlüftungen den Kaminabzug beeinflussen, was dann wiederum beeinflusst, ob die Feuerstelle innen raucht. (In der Größenordnung des Planeten beeinflussen Druck und Temperatur das Wetter.)

Uralte Designs und neue Experimente

Manche der folgenden Öfen sind Variationen, die ich selber ausprobiert habe, manche sind Ideen, die weiterentwickelt werden könnten. Falls Sie einige von diesen Ideen ausprobieren und zu interessanten Ergebnissen kommen sollten, würde ich sehr gerne davon erfahren.

> **ACHTUNG**
>
> **Bevor Sie mit dem Bau hier vorgestellter Öfen beginnen (siehe insbesondere den weiter unten genannten Raketenofen), sollten Sie abklären, welcher Ofentyp zugelassen und welche baurechtlichen Auflagen (insbesondere in dichtbesiedelten Wohnbereichen!) zu beachten sind. Diese Auflage differieren zum Teil von Bundesland zu Bundesland und natürlich von Land zu Land.**

Vielleicht finden Ihre Erfahrungen Raum bei einer Aktualisierung dieses Buches oder in einem Online-Archiv.

Mobile Öfen

Als meine Frau Hannah und ich uns kennen gelernt haben, hat Hannah von einem Ofen auf einem Fahrradanhänger geträumt. Dies kam mir etwas unpraktisch vor, bis ich eine Zeichnung aus dem Jahr 1414 gesehen habe, die einen Backofen zeigte, der auf einem zweirädrigen, von Menschen gezogenen Wagen stand; aus diesen Backofen schlagen Flammen und gleichzeitig werden heiße Brotlaibe entnommen. Zufälligerweise (oder nicht?) betreffen die meisten Nachfragen, die ich von Lesern bekommen habe, mobile Öfen.

Dieser Ofen war allerdings nicht aus Lehm! Ich habe mir damals gedacht, egal wie gut wir den Anhänger bauen, die Hochfrequenzschwingungen, die beim Fahren auf der Straße entstehen, werden den Ofen eher früher als später in seine Bestandteile zerlegen. Deshalb haben wir den Ofen mit einem feuerfesten Zement gebaut, der viel höhere Temperatu-

Diese Zeichnung aus dem Jahr 1414 zeigt bereits einen Backofen auf Rädern (aus: Pierre Delacrétaz: *Construire un four à pain*, Editions Cabédita, 2000). ▲

ren als ein normaler Portlandzement aushält. (Ich habe übrigens später jemanden kennen gelernt, der einen massiven Lehmbackofen auf einen Anhänger gebaut hatte. Bevor dieser ein Jahr alt war, musste er ihn bereits mehrmals reparieren.) Wir haben mit dem Ofen auf vielen Veranstaltungen gebacken, kamen dann aber zu dem Schluss, dass das Kochen auf Festivals nicht unsere Sache ist. Später wurde der Boden des Ofens beschädigt, woraufhin wir ihn verschrottet haben.

Heute bin ich der Meinung, dass es am besten ist, einen Ofen am Tag vor der Veranstaltung zu bauen, damit Interessierte während des Bauens zuschauen oder sogar daran teilnehmen können. Im Übrigen gefällt mir die Vorgangsweise von

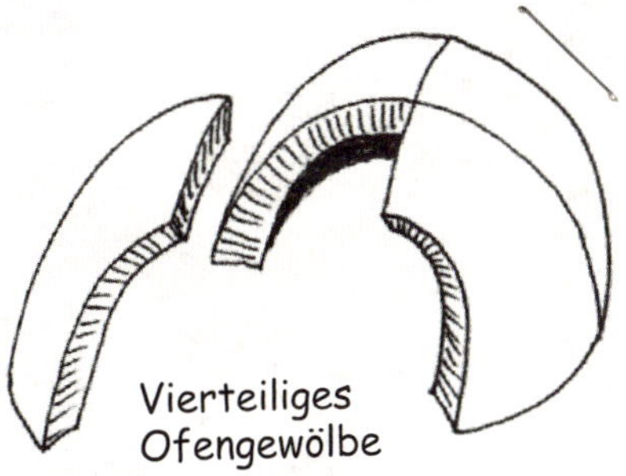

Ziegelbackofen entspricht. Eine Variante in England war der „Clome Oven“, der eigentlich ein Tontopf war, der gewissen Abmessungen entsprach und bei dem eine Öffnung eingebracht wurde. Er war transportabel, wurde aber oft auch in einen Kamin oder in eine Feuerstelle eingebaut. Mit einem unglasierten Keramiktopf entsprechender Größe müsste sich so etwas relativ leicht bauen lassen, vielleicht mit einer Schicht aus Lehm dazu, um die Masse zu erhöhen.

mexikanischen Festivalbäckern: sie schleppen überallhin Ziegel und Lehm mit und bauen bei jeder Veranstaltung einen neuen Ofen.

Mit Hilfe einer Sandform habe ich aus feuerfestem Zement das oben skizzierte, vierteilige Ofengewölbe gebaut, das ich mitnehmen und vor Ort auf- und abbauen konnte. Das Schwierige ist, vier Teile zu bauen, die tatsächlich genau zueinanderpassen. Meine Technik war folgende: Ich habe dünne Blechstücke in die Sandform hineingedrückt, um Barrieren zu erstellen; danach habe ich die gleiche Vorgehensweise gewählt wie beim Bau eines Lehmbackofens. Achtung: Auch die Bestandteile eines kleinen Ofens dieser Art mit dünnen Wänden sind extrem schwer!

Ein Glockenhut ist ein dicker Tontopf. Im Mittleren Osten wurden in der Antike Tontöpfe auf heißen Kohlen erhitzt und drinnen wurde auf einer Keramikplatte Brot gebacken. Die moderne Version dieser Tradition ist der so genannte Dutch Oven oder die „Cloche“, die wie ein gängiger Backofen aufgeheizt wird und einen Lehm- oder

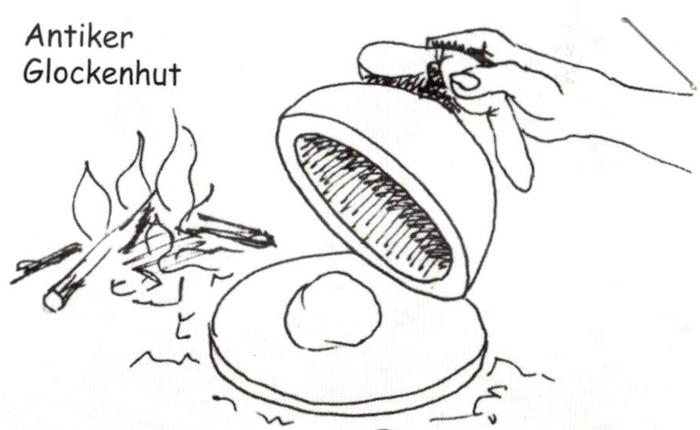

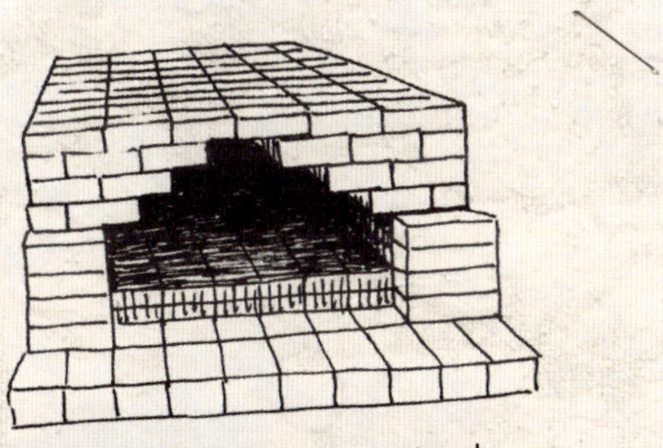

Ein einfacher Stapel aus Ziegeln
Diese Skizze zeigt eine Möglichkeit, Ziegel trocken so zu stapeln, dass deren Gewicht das Ganze zusammenhält. Ich habe ähnliche Öfen mit weniger Ziegeln und etwas Lehmmörtel gebaut. Die Ziegel können natürlich auch selbst hergestellt werden.

Pizza zum Mitnehmen: Gebaut vom Autor aus feuerfestem Zement für ein Sommerfest. Der Unterbau wurde auf Motorradstoßdämpfer gebaut; eine Lösung, die von Hannah inspiriert und von einem Schweißer/Freund gebaut wurde. Allerdings habe ich den Ofen viel schneller bauen können als den Anhänger. Wir backten 500 Pizzen in zwei Tagen. Als wir den Ofen ausrangierten, gaben wir den Anhänger an eine Waldorfschule weiter; dort wurde er leider gestohlen! (Fotos oben: Ann Wiseman) ▲

Öfen auf Rädern für eingefleischte Fahrer

Falls meine Anregungen, den Backofen auf einer Veranstaltung vor Ort zu bauen und daraus ein Gemeinschaftserlebnis zu machen, nicht überzeugend waren und Sie deshalb oder aus anderen Gründen einen Ofen auf Rädern bauen wollen, sind Anleitungen von Dan Wing im Archiv von *handprintpress.com* zu finden. Dan gibt für den Bau eines guten, sicheren Ofens auf Rädern wichtige Ratschläge, die die Risiken, die sich mit einem derartigen Ofen auf einer Autobahn ergeben können, so gering wie möglich halten. Dan hat einen Ofen gebaut, mit dem er viel herumgefahren ist; er ist zusammen mit Alan Scott Mitautor des Buchs „The Bread Builders" – eine Bibel für diejenigen, die einen Ziegelbackofen bauen wollen.

Verstellbarer Ofen (Ofen auf Rädern): Gebaut von einem Workshop-Teilnehmer, der nicht nur das Grunddesign zu einem fahrbaren Unterbau übernommen hat, sondern auch eine Brennkammer unter der Backfläche gebaut hat. Er hat dem Vernehmen nach gut funktioniert. (Foto: Roger Bell und Tochter) ▲

Der Ofen versorgte Nachbarn und Gäste mit Essen bei Treffen und Veranstaltungen im Sommer. ▲

Gemeinschaftsöfen

Feuerstellen sind so etwas wie öffentlicher Raum. Öfen, Feuer und Essen ziehen Menschen an, animieren zum Feiern und zum Geschichtenerzählen. Es dürfte keine Überraschung sein, aber die Rückmeldungen, die ich von Lesern und von anderer Stelle erhalten habe, bestätigen die Dynamik in dieser „gemeinschaftlichen Wohnküche"; in allen diesen Rückmeldungen findet sich immer wieder ein überraschender Moment – vergleichbar mit essbaren Pilzen, die man zufällig im eigenen Garten findet. Wenn sich derart „schmackhafte Mysterien" inmitten Ihres Grundstückes finden, ist es dann nicht naheliegend, Dankbarkeit zu zeigen?

Der Zweikammer-Ofen

Einer meiner (vielen) Öfen zuhause war ein Zweikammer-Modell mit einer Brennkammer direkt unter der Backfläche. Mein Ziel war es, zur Backkammer eine zusätzliche Brennkammer zu machen, in der durch weitere Luftzufuhr Abgase und nichtverbrannte Brennstoffe verbrennen. Eine gute „Nachverbrennung" ermöglicht ein sauberes, effizienteres Brennen, wodurch mehr Hitze mit der gleichen Menge Brennstoff erzeugt wird. Noch dazu wollte ich die heißen Abgase um die wärmespeichernde Masse der Lehmofenhülle leiten, um mehr Hitze zu speichern, bevor diese durch den Kamin entweicht. Letztlich bedeutet eine getrennte Brennkammer, dass keine Holzkohle (jedoch etwas Asche) auf die Backfläche kommt.

Ich habe dieses Design zweimal ausprobiert. Es hat zwar gut gebrannt, war aber auch „gefräßig". Das Hauptproblem ist, dass die

„sekundäre" Luft vorgeheizt werden muss, will man einen guten Brennvorgang erzeugen. Praktisch bedeutet das, die Luft zuerst an die heißen Wänden der Brennkammer und über eine möglichst große Oberfläche leiten, um sie auf 315–370 °C aufzuheizen. „Bessere" Heizöfen bewerkstelligen das mittels Stahlrohren, die um den Ofen gewickelt sind (was sich mit Lehm kaum machen lässt). Es ist die gleiche Herausforderung, wenn es darum geht, den Rauchabzug um die Wärmedämmschicht des Backraums zu leiten, um auch dort die Wärmeübertragung zu maximieren. Die Größe aller Kanäle müsste genau kalibriert werden, um dem Luftzug zu entsprechen und glatt müssen die Kanäle auch sein, um den Abgasgegendruck zu minimieren. Schließlich brauchen Sie auch dichte Absperrvorrichtungen, Türen und Steuerungen. Der Anhang zeigt ein handelsübliches Design, das mit besonders geeigneten Materialien und Techniken gebaut werden kann. Die Version von Roger Bell (Seite 128) ist einfacher und leichter, aber es gibt bei dem Ofen auch keine richtige Nachverbrennung.

Korbofen: Der schöne Weidenkorb wird bei der ersten Feuerung verbrannt. Der Erbauer des Ofens, Bernard Graves, ist auch Obmann des Hiram Trust in Stroud/England, der „das Ethos der Ausbildung für Nachhaltigkeit fördert".
(Foto: E. Holliday) ▲

Öfen aus purem Ton
(u. a. auch kanadische Öfen)

Manche Öfen, zum Beispiel die aus Quebec wie auch die mit der runden Form eines Bienenkorbs, werden nicht mit Lehm, sondern purem Ton gemacht. Solche Öfen haben folgende Vorteile: Während Lehm (Sand und Ton) dichter ist und deswegen mehr Hitze speichern kann, kann Sand auch locker werden und abplatzen. Bei einem unvollständigen Auskehren vor dem Backen wird unten am Brot Sand kleben. (Ton kann auch auf- und abplatzen, aber auch gebrannter Ton ist weicher als ein Sandkorn und daher weniger gefährlich für Ihre „nichtsahnenden" Zähne.)

Bei den „sandlosen" Öfen, die ich gebaut habe, habe ich sehr homogene Unterböden verwendet, die auch relativ viel Schluff enthalten haben (Schluff hilft, deren Schrumpfen zu minimieren). Meine Mischung ist formbar genug, um einen harten, soliden Ball mit den Händen machen zu können, aber auch nicht so weich, dass sie zwischen den Fingern zerquetscht wird, wenn ich eine Faust mache. Das Material lässt sich gut zusammenpressen und wird hart und fest anstatt auseinanderzurinnen. Traditionelle kanadische Öfen minimieren Rissbildungen im Schrumpfungsprozess durch die Zugabe von Heu zum Ton. Diese Mischung wird eher feucht verbaut.

Der kleine Ofen, den ich für ein kleines Fest bei meinen Eltern baute, war aus naturbelassenem Unterboden, den ich direkt um die Sandform verbaut und mit einem Brett sofort dichtgeschlagen habe. Ihn habe ich dann trockengefeuert, die Risse danach aufgefüllt und am Tag darauf haben wir darin Pizza gebacken! (Siehe Fotos, S. 24 f.)

Bei dem handelsüblichen Ofen, den ich für „Intaba's Restaurant“ gebaut habe, habe ich den Sand durch „Grog“, also gemahlenes Schamotte, ersetzt. „Grog“ hat hervorragende thermische Eigenschaften, ist aber auch teuer. Es funktioniert aber auch, eine dünne Hülle aus Grog-Mischung aufzubringen, gefolgt von dem normalen sandigen Ofenlehm. Das nächste Mal werde ich mehr Ton in die Mischung geben und zum Schluss, sobald der Ofen trocken ist, eine dicke Schicht Wasserglas zum Binden draufstreichen.

„Tandoors“, Töpferöfen & andere Einsatzmöglichkeiten

Tandoor, Tannur, Tennur, Tandir, Tandore und Tamir bedeuten in verschiedenen Sprachen des Mittleren Ostens lediglich Ofen. Das Design besteht im Grunde aus einem Zylinder oder Kamin aus Ton; mit einer Öffnung unten, um nachlegen zu können. Der Bäcker gibt den Fladenbrotteig direkt auf die glatten vertikalen Wände oder manchmal

DAS GRUNDDESIGN EINES „TANDOORS“

bäckt er oben auf einem Gitter (siehe Foto, S. 23). Laut Jeffrey Alford und Naomi Duguid stammt das Design aus dem heutigen Iran oder aus grenznahen Regionen des Iran. Diese traditionellen Öfen werden heute exportiert und offensichtlich aus heimischer Bauerde und Mist gemacht. Strohlehm oder lehmiges Flechtwerk dürften auch funktionieren.

Perfekte Kombination

Der Hiram Trust in Stroud/England integriert Landschaft, Kunsthandwerk, Wissenschaft, Technologie und Umwelterziehung. Dessen Entwürfe umfassen unter anderem Kalk- und Kohleöfen.

Interessanterweise ist der Tandoor vielen traditionellen Töpferöfen sehr ähnlich, die für die Erzeugung hoher Hitze zum Sintern besser als ein Backofen geeignet sind. Im Endeffekt ist er ein kurzer, sehr heißer Kamin, der weitaus höhere Temperaturen erreicht als ein geschlossener Ofen. Er eignet sich auch viel besser zum vernünftigen Aufschichten von Heizmaterial und Töpferwaren. Bei einem Lehmbackofen ande-

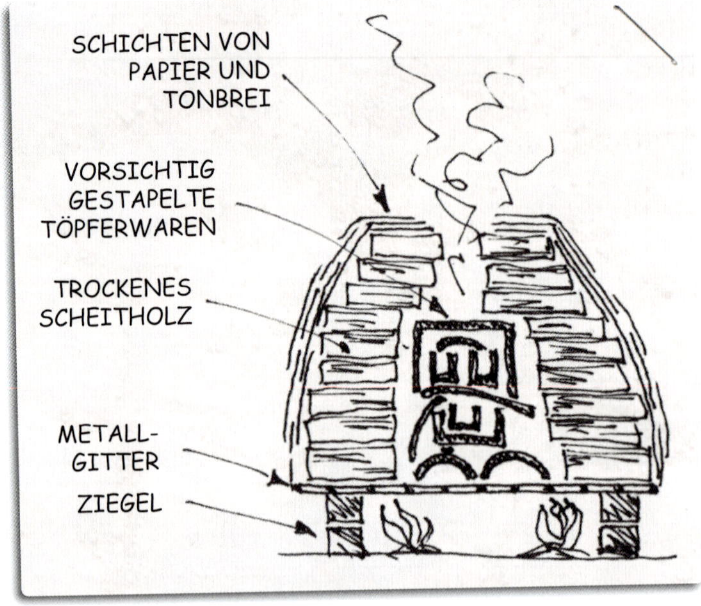

rerseits sind der Brennvorgang und die Hitze von Größe und Lage des Ofenmundes begrenzt, ganz zu schweigen von den Schwierigkeiten, die Sie beim Stapeln von zerbrechlichen Töpfen und Brennholz in einem begrenzten Raum haben werden.

Manche Töpfer, beispielsweise Pueblos im amerikanischen Südwesten und im mexikanischen Oaxaca, töpfern noch immer in Gruben, was höchstwahrscheinlich eine der frühesten Bauarten war: nur Brennstoff und geschickt gestapelte Töpferwaren in einem Loch im Boden, möglicherweise mit Tonscherben alter Töpfe am Rand, um das Feuer einzuhegen.

Ziegelöfen

Wenn Sie Ziegel und Mörtel kaufen wollen (Sie können, siehe Seite 16, Ihre eigenen Ziegel herstellen), gibt es folgende Optionen: Alan Scotts superisoliertes Design (*ovencrafters.net*); die Gratis-Pläne auf *fornobravo.com* für einen typischen italienischen Backofen und vieles mehr im Internet. „*Brickoven Group*" auf *yahoo.com* und *fornobravo.com* haben beide netzbasierte Gemeinschaften, in denen Erfahrungen mit dem Ofenbau ausgetauscht werden. Ziegelbacköfen sind außerhalb Amerikas häufiger zu finden und es gibt in manchen Ländern in Europa relativ billige Baumarktmodelle im Handel. Ich möchte es aber nochmals wiederholen: Größer (und teurer) ist nicht unbedingt besser!

Die „Bibel" des Ziegelofens

„The Bread Builders" von Dan Wing und Alan Scott ist ein komplettes Handbuch über die Wissenschaft und die Kunst, in Wärmespeicheröfen zu backen. Es umfasst aktuelle Forschungen über Hefe, Bakterien und das Fermentieren von Teig und beinhaltet Berichte von Besuchen bei diversen Bäckern. Im Weiteren finden sich Pläne für einen professionellen Ziegelofen und dessen Gebrauchsanleitungen. Wertvoll für Ziegel- sowie Lehmfans.

Öfen für die Welt?

Steigende Preise für fossile Brennstoffe führen möglicherweise dazu, dass mehr Zeitgenossen als bisher ein Bewusstsein für Brennstoffmangel, Abholzungen und Verwüstungen in der ganzen Welt entwickeln. Unsere Präferenzen bieten (Ofen-) Alternativen besonders für diejenigen, die ein reiches Land verlassen, um den Einwohnern eines ärmeren Landes zu helfen. Brennstoff ist nicht die einzige Aspekt. Kochtechnologie ist Teil komplizierter kultureller Muster. Daher ist zu hinterfragen, ob es sinnvoll ist, einen Pizzaofen dort zu erbauen, wo Reis die Hauptkulturpflanze ist. Werden neue oder andere Technologien bereits existierenden Lebensweisen helfen oder sie hindern? Woher kann ein Besucher dies alles wissen? Obwohl die Beantwortung solcher Fragen außerhalb meiner fachlichen Kompetenz liegen, stelle ich sie trotzdem, besonders wenn es um Öfen geht, die mit Hilfe dieses Buches gebaut wurden. Ich hoffe, dass das, was nun folgt, auch Ihnen weiterhilft.

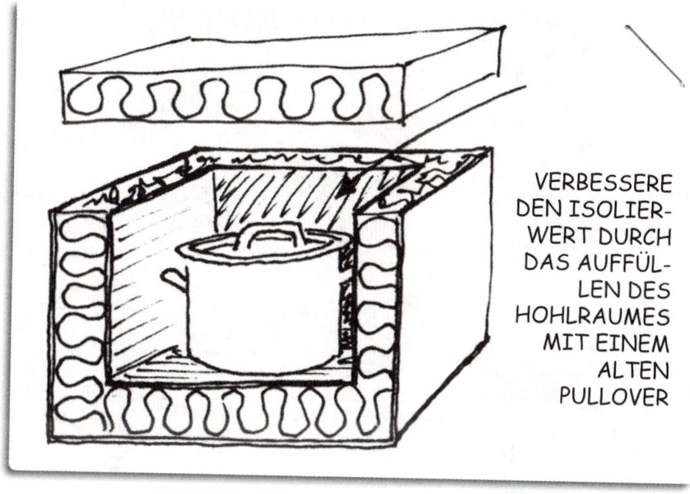

Die feuerlose Kochkiste und der Solarkocher

Die unmittelbarste Lösung für die Probleme der Effizienz und der Umweltverschmutzung, die von Feuer verursacht werden, besteht darin, das Feuer zu löschen – kein Feuer, kein Problem! Eine „Kochkiste" bewirkt dies durch die Anwendung des Prinzips der Isolierung.

Bringen Sie einen Topf Reis für ein paar Minuten zum Kochen und umwickeln Sie diesen mit einem Schlafsack. Die Isolierung durch den Schlafsack hält die Temperatur von Reis und Wasser so lange aufrecht, bis der Reis fertig gekocht ist; und in 1 bis 3 Stunden werden Sie den Reis noch immer anpusten müssen, bevor Sie ihn essen können! (Wenn er noch nicht fertig ist, wieder aufkochen und erneut umwickeln.) Allgemein gesagt, bietet ein 4-Liter-Topf voller kochendem Wasser und Getreide oder Bohnen genügend thermisch wirksame Masse, um zu garen; Gleichzeitig gilt aber: Je mehr Masse, desto besser. Ton- oder Gusseisentöpfe sind besser als Stahltöpfe, die wiederum besser als Alutöpfe sind. Mit etwas Erfahrung bekommen Sie ein Gefühl dafür, wie lang das jeweilige Getreide kochen soll, bevor Sie es mit Dämmstoff isolieren, um es fertig zu garen.

Kochkisten – um Brennstoffe zu sparen und Wälder zu schützen

Etliche Leute beschäftigen sich mit dem Brennstoffmangel und den Kochbedürfnissen in ärmeren Ländern. Das Aprovecho Institute entwickelte zum Beispiel Kochkisten, Solarkocher sowie den Winiarski-Ofen (vgl. im Netz: *www.aprovecho.net*, Aprovecho Institute, Cottage Grove, Oregon 97424).

Die „Kochkiste" selbst ist nicht mehr als eine bequeme Weise, die Idee „abzupacken" (besonders wenn es keine Schlafsäcke gibt!). Sie werden zwei Kisten brauchen, eine mindestens

10 cm kleiner als die andere, mit mindestens 5 cm Stroh, Heu oder anderem leichten Material zur Isolierung dazwischen. Den Topf mit einem alten Pullover umhüllen, das Ganze mit einem isolierenden Deckel abdecken und schon ist man fertig!

Reis, Bohnen und Gemüse zu kochen ist mit dieser Methode ganz einfach; wir haben sogar gedünstetes Brot so gebacken! Wenn es um Fleischgerichte geht, sicherstellen, dass die Temperatur hoch genug bleibt, damit sich Salmonellen oder andere schädliche Bakterien nicht verbreiten können.

Ein Solarkocher ist im Endeffekt eine „Kochkiste" mit einem Glasdeckel und schwarzen Innenwänden. Diesen an einem sonnigen Tag draußen unter die Sonne stellen und ihn möglichst direkt zur Sonne ausrichten – dann können Sie alles Mögliche kochen! Die schwarzen Flächen nehmen die Strahlungsenergie der Sonne auf und die isolierte „Kochkiste" speichert diese Wärme. Darüber ist im Internet viel zu finden; die Netzseite *solarcooking.org* ist ein guter Anfang.

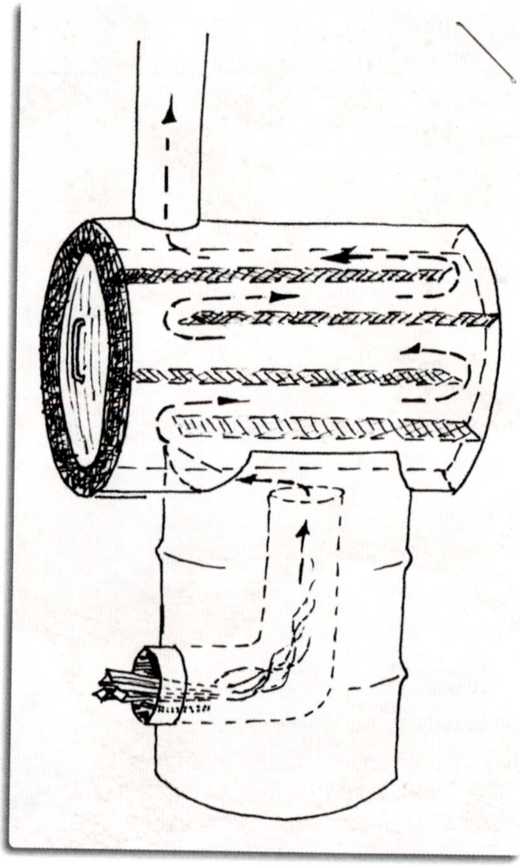

Ein massearmer, hochwirksamer „Raketenofen"

Larry Winiarski und das Aprovecho Institute in Oregon haben jahrelang gearbeitet, um Menschen in ärmeren Ländern zu helfen, mit weniger Brennstoff mehr Essen zu kochen und Rauch aus dem Haus zu verbannen. Winiarskis „Rocket Bread Oven" (oben) ist eine geniale Anwendung von Grundprinzipien und wird aus Altmetallfässern oder anderen vorhandenen Materialien gebaut. Die „Rakete" ist im Grunde ein kurzer heißer (also isolierter) Kamin mit einem horizontalen Rohr, in das man das Holz hineinschiebt.

Die Hitze des Feuers wird zum Backraum durch ein Netzwerk von Übergängen, die sich in der Lücke zwischen den zwei Fässern befinden, übertragen. Diese Passagen sind aus mit Alufolie umwickelter Glasfaserisolierung, die die Form einer Wurst haben, gemacht. So kann der Hauptteil der Hitze einer kleinen Menge Brennstoff in den Backraum geleitet werden, mit dem Effekt, dass das Brot sehr effizient gebacken werden kann. (In einem mir bekannten Fall konnten so 30 kg Brot mit 5 kg Holz gebacken werden!) Vieles ist auf der Instituts-

Internetseite zu finden; andere einfache Öfen finden sich in der Instituts-Publikation „Capturing Heat" (Hitze einfangen).

Ein massereicher, hochwirksamer „Rocket Mass Heater" für das Haus

Wer im Haus einen Lehmbackofen baut, wird feststellen, dass dieser zwar zum Heizen des Hauses beiträgt, die meiste Hitze des Feuers im Backofen aber durch den Rauchabzug verlorengeht. Dies ist auch eine Schwäche vieler Holzheizöfen.

Andererseits kombiniert das bereits erwähnte „Rocket"-Design einen effizienten Brennvorgang mit der sehr guten Wärmespeicherkapazität von Lehm; so wird mit Low-tech-Mitteln eine kostengünstige Variation des klassischen Kachelofens bzw. Speicherofens erzielt. Ein solcher Ofen brennt heiß und sauber und leitet heiße Abgase durch das grobe, wärmespeichernde Material, damit die Hitze im Hause bleibt.

Während ein Kachelofen ein Riesenprojekt sein kann, bei dem es um komplexe Pläne und fachliches Know-how geht, kann quasi jede/r einen „Rocket Mass Heater" bauen, bei dem die Prinzipien eines Kachelofens im Lehmbau Anwendung finden; dieser Ofen ist eine kostengünstige, hocheffiziente Heizmöglichkeit, die mit minimalen Fachkenntnissen selbst gebaut werden kann. Ianto Evans, einer der Begründer vom Aprovecho Institute, hat vor einiger Zeit (mit Lesley Jack-

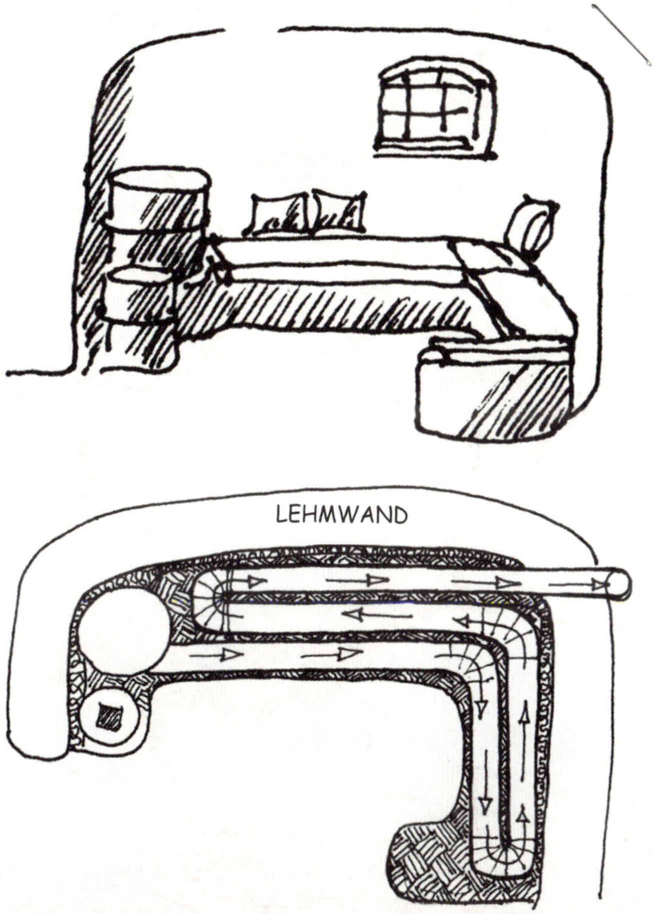

ROCKET MASS HEATER FÜR ZUHAUSE

Der Ofen selbst befindet sich in den zwei linken Metalltonnen in der oberen Zeichnung. Die untere Zeichnung zeigt den Abgaskanal, der sich durch eine massive Lehmbank schlängelt, um die Hitze der Abgase aufzunehmen und zu speichern.

Exemplare des Buches *Rocket Mass Heaters* sind erhältlich bei: Cob Cottage Company, POB 942, Coquille, Oregon 97423, cobcottage.com, rocketstoves.com

ACHTUNG

Bitte beachten Sie beim „Rocket Mass Heater" den Hinweis auf Seite 121

son) das Buch „Rocket Mass Heaters" veröffentlicht, das klare, schrittweise Beschreibungen gibt, denen wohl die meisten Bastler folgen können. (Ich heize bequem und leicht mein Haus, mein Büro und meine Werkstatt mit drei verschiedenen Modellen.)

Ein experimenteller „Rocket"-Ofen – massereich und effizient

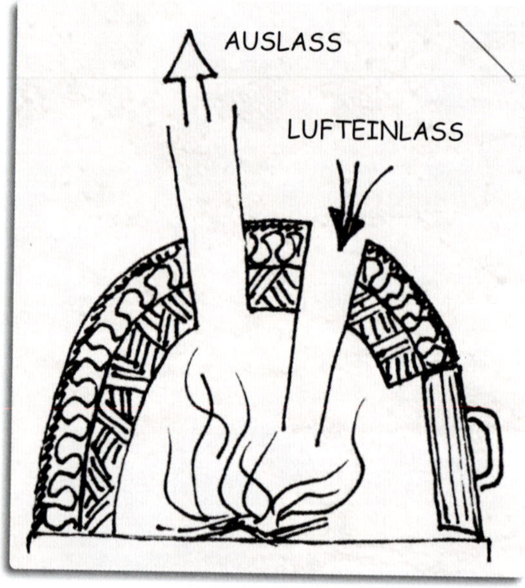

Diese Skizze zeigt ein interessantes Experiment, das die Prinzipien eines „Rocket"-Ofens auf einen Backofen, der zugleich eine Wohnraumheizung ist, ohne großen technischen Aufwand anwendet (Jim & Tyra Arraj; *innerexplorations.com*). Zuluft und Rauchabzug erfolgen durch entfernbare Metallrohre; Öffnungen werden beim Backen mit Stöpseln zugemacht. Eine feuerfeste Tür wäre während des Backens geschlossen.

Problemlösungen und Wissenswertes

Viele häufig auftretende Fragen werden in dem jeweiligen Arbeitsschritt im Text behandelt. Weitere Aspekte werden im Folgenden besprochen. Falls hier etwas vergessen worden sein sollte, können Sie mich gern (auf Englisch) kontaktieren, entweder per Post oder via Internet: *www.handprintpress.com*

Einheizen und Backen mit dem Ofen

Ich bringe kein gutes Feuer zustande.

Ist das Brennmaterial trocken? Sind die einzelnen Stücke klein genug? Dann S. 88 ff. zum Thema Ofengebrauch noch einmal lesen.

Gibt es eine ausreichende Luftzufuhr? Versuchen Sie, etwas Brennmaterial herauszunehmen oder das Brennmaterial anders zu schichten. Eine zu niedrige Ofenöffnung kann den Luftzug behindern und das Feuer zum Ersticken bringen; die Ofenöffnung sollte ausreichend hoch sein.

Wirkt sich der Wind störend auf das Hinein- und Herausströmen der Luft am Ofenmund aus? Bauen Sie eine Feuerungstür (S. 62–66, 91) oder versuchen Sie mit Ziegeln eine derartige Tür vorübergehend zu improvisieren.

Besonders kleine Öfen funktionieren mit kleinen Feuern und Kleinholz am besten. Fangen Sie vorne bei der Öffnung an und schieben Sie das Holz erst dann, wenn das Feuer gut brennt, nach hinten. Das Holz sparsam nachlegen.

Einmal, als das Feuer in einem Ofen mit einem Rauchabzug oberhalb vom Ofenmund schlecht gebrannt hat, schlug mir ein Freund vor, ein kleines Loch in der Wand gegenüber vom Ofenmund zu bohren, um die Luftströmung zu verbessern. Es hat geholfen! Zum Backen machten wir das Loch mit einem Stock zu.

Wie lange halten Lehmbacköfen?

Eine pauschale Antwort hierauf gibt es nicht. Die im kanadischen Stil gebauten Tonöfen bei der American Flatbread Company werden seit 15 Jahren unaufhörlich benutzt und haben dabei nur minimalen Schaden genommen. Manche professionell gebauten Ziegel-

öfen, die ich kenne, mussten innerhalb von 15 Jahren ein paar Mal erneuert werden. Folgende Variablen beeinflussen die Betriebsdauer eines Ofens: Qualität der Materialien (Sand und/oder Ton); die Art und Weise, wie der Ofen verwendet wird und wie er erhitzt wird; wichtig ist weiter, ob der Ofen kontinuierlich in Gebrauch ist oder ob er ständig zwischen heiß und kalt rotiert. „Stress", in Form von häufig wechselnden Temperaturunterschieden, verkürzt die Betriebsdauer eines jeden Ofens, wobei es egal ist, aus was er gefertigt ist. Wenn ein Lehmbackofen lange halten soll, sollte in keinem Fall Wasser hineingespritzt werden; den Boden nie mit einem tropfnassen Tuch wischen, um die Schamottesteine abzukühlen.

Ich habe genau nach dem Buch gebaut, aber der Ofen speichert keine Hitze!

Der Ofen arbeitet am besten, wenn alles knochentrocken ist, und zwar bis unten in die Bodenisolierung. Wenn der ganze Ofen in einem Zug gebaut wurde, wird die Feuchtigkeit erst nach Wochen oder nach mehrmaligem Einheizen gewichen sein.

Sie sollten viele hell und heiß brennende Feuer entfachen, oft Holz nachlegen und viel herumstochern. Das Feuer so lange brennen lassen, bis nur mehr warme Asche vorhanden ist, die Luftströmungen verursacht, wird mehr Hitze aus dem Ofen leiten, als durch diese Asche erzeugt wird. Den Ofen länger befeuern.

Die Unterseite vom Brot verbrennt.

Sind Sie möglicherweise zu ungeduldig? Lassen Sie der Hitze im Ofen länger Zeit, sich auszubreiten. In der Zeit Pizza oder Fladenbrot machen. Eine Pfanne mit Wasser auf der Backfläche kann die Backfläche schnell abkühlen. Auf heißen Stellen der Backfläche in den ersten 5–10 Minuten des Backens den Platz der Brotlaibe wechseln oder auf umgedrehten Backblechen backen.

Verbrannt heißt nicht gleich schlecht. Verkohlte Unterseiten lassen sich nach dem Auskühlen abblättern, was geschmacklich intensiv karamellisierte Stellen aufdeckt.

Feuer und Strohballen

Funken und hohe Hitze sind nicht die einzigen Gefahren, derer man sich bewusst sein sollte. Wände aus Strohballen, die nass werden, können sich durch bloße Bioaktivität (Kompostieren) selbst entzünden. Wenn die Ofenisolierung und/oder der Putz an einer Strohballenwand angrenzen, könnte der Dampf, der durch die Hitze eines Feuers entweicht, in die Strohballen eindringen (das gilt eigentlich auch, wenn der Ofen einen „sicheren" Abstand zur Wand hat). Diese Feuchtigkeit, die zuerst im Ofen aufgeheizt wird, kann zu einer kräftigen mikrobiellen Aktivität beitragen. Ich weiß persönlich von einem kleinen Ofen, der ein solches Feuer verursacht hat. Zum Glück waren die Ballen verputzt und das Feuer griff nicht schnell um sich. Daher konnte es leicht entdeckt und gelöscht werden. Nichtsdestoweniger sollte man sich dieses Risikos bewusst sein.

Nur die ersten zwei oder drei Pizzen haben einen guten braunen, knusprigen Boden.

Drei Punkte sind für eine ausreichende Hitze auf der Backfläche wichtig, um Pizzen zu backen: eine richtige Befeuerung (S. 88 ff. und S. 114 ff.), der Umfang der thermisch wirkenden Masse und die Isolierung. Falls Sie darauf kommen, mehr Speichermasse im Bodenbereich zu benötigen, versuchen Sie es einmal mit einer zweiten Schicht Schamotte oder Seifenstein. (Eine höherliegende Backfläche benötigt möglicherweise auch eine höhere Öffnung und/oder einen höheren Rauchabzug.) Eine weitere Möglichkeit könnte sein, dass Sie den Unterboden nicht isoliert haben und höchstwahrscheinlich zu viel Hitze an den Unterbau verlieren. Da hilft nichts, außer den Ofen neu zu bauen. Das zweite Mal geht es schneller und leichter ...

Was sonst kann noch im Ofen gebacken werden?

Alles – wie bei einem konventionellen Backrohr (außer, wenn Sie ein „lebendiges" Feuer benutzen). Sie können auch davon ausgehen, dass alles etwas schneller geht. Sie können in einem kalten Ofen mit einem kleinen Feuer Steak, Fisch oder Gemüse braten; bei Bedarf wenden oder rühren (mit einem heißen Feuer in einem heißen Ofen geht es schneller). Fettige oder süße Gerichte sollten in der Pfanne gebacken werden, da Rückstände zwischen den Schamotten Hebungen und andere Probleme verursachen. Den Backofen zur Konservierung von Lebensmitteln zu verwenden, ist in England und in anderen Ländern eine alte Tradition. Obwohl dies nicht mehr populär ist, haben wir guten Erfolg damit gehabt. Ich achte darauf, dass die Temperatur für 30–60 Minuten nicht unter 120 Grad fällt, damit alles ähnlich wie in einem Wasserbad kocht.

Kann der Lehmbackofen beim Töpfern zum Einsatz kommen?

Ja und nein. Siehe Seite 131 f.

Kann die Außenoberfläche gefährlich heiß werden?

Das hängt davon ab, wie dick die Ofenwände sind, wie lang eingeheizt und wie viel Isolierung verwendet wird. Auch bei kontinuierlichem Gebrauch sollte die Außenoberfläche eines gut isolierten Ofens nicht zu heiß zum Anfassen sein. Bei Ihrem Ofen könnte es sich anders verhalten.

ACHTUNG!

Bitte beachten Sie beim den Hinweis auf Seite 119

Kann ich mit einem Heizelement einheizen? Oder mit Propan?

Ein Leser hat einmal ein 3.000 Watt-Heizelement ausprobiert, teilte mir aber mit, dass der Ofen nach acht Stunden Heizen noch immer nicht Backtemperatur erreicht hatte. Ein Nickel-Chrom-Thermoelement für einen Töpferofen könnte funktionieren, aber wie bei einem Töpferofen dürfte es am besten in einer Hohlkehle funktionieren, um die Oberfläche, die der Hitze ausgesetzt ist, zu maximieren. Dies könnte aber kompliziert werden. Außerdem ist elektrischer Strom eine sehr ineffiziente Methode, um Hitze zu erzeugen: Energie geht nicht nur durch den Prozess, Strom aus Hitze zu gewinnen, verloren, sondern auch noch einmal, wenn der Strom wieder zur Hitze wird (es sei denn, Sie bekommen Strom außerhalb der Spitzenzeiten preiswert von einem Wasserkraftwerk).

Gas ist an sich *viel* gefährlicher als Holz. Ein Leser hat berichtet, er habe sich bei einer Explosion verbrannt, als er versuchte, den Brenner im Ofen wieder anzuzünden, wo sich ungewollt Gas angesammelt hatte! Obwohl Gas komfortabler erscheint, scheint es nicht zu jener „tiefen", lang anhalten Hitze zu führen, die mit Holz erzeugt werden kann. Wenn Sie sich mit diesem Thema ausführlicher beschäftigen wollen, empfehle ich das oben bereits angesprochene Buch *The Bread Builders*. Sonst fragen Sie im Handel nach Hochleistungsbrennern.

Probleme beim Ofen

Lässt sich der Ofen schnell trocknen? Ab wann kann man im Ofen Feuer machen?

Ich habe Öfen am selben Tag gebaut und mit Feuer getrocknet und danach nur minimale Risse entdeckt, die wahrscheinlich sowieso entstanden wären.

Mein Ofen bekommt Risse!

Risse sind meistens nur oberflächlicher Natur. Das Ersttrocknen kann Schrumpfrisse verursachen. Manche Erden schrumpfen mehr als andere – so wie Lehmmischungen mit geringeren Sandanteilen. Die Zugabe von Sand oder Faser (Heu, Stroh, Mist usw.) hilft normalerweise. Bei Tonöfen ist eine gewisse Anzahl Risse wahrscheinlich nicht zu vermeiden. Die Sandform relativ früh herauszuholen, kann die Entwicklung von Rissen mindern (gehen Sie sicher, dass der Ofen trocken genug ist). Die Trocknung zu verlangsamen hilft auch (z. B. indem der Ofen mit einer schweren Decke abgedeckt wird). Risse, seien sie groß oder klein, können von außen mit frischem Material aufgefüllt werden. Nicht vergessen, dass sich das Mauerwerk bei Hitze ausdehnt und es quasi zu einem Einsturz kommen muss. Kein Material ist immun gegen Temperaturschocks. Risse aufgrund von Ausdehnungen können sogar nützlich sein, da sie zeigen, wie heiß der Ofen ist. Je größer der Sprung, desto heißer der Ofen!

NOTFALL!

Die meisten Risse sind kleiner als diese, die wegen des hohen Tongehalts der Bauerde entstanden sind. Der Erbauer berichtete: „... wir füllten die Risse nach, gaben noch zwei Schichten dazu und ... haben die ersten Pizzen am nächsten Abend aus dem Ofen geholt ... einfach ein Wunder!" (Risse und Foto: Tim LaBarge)

Solche Risse entstehen, wenn der Tongehalt des Lehmes zu hoch ist. ▲

Ist Vermiculit anstatt Perlit als Isolierstoff möglich?

Im Vergleich zu Perlit und Bims ist Vermiculit weich und etwas matschig. Falls Sie den Unterboden mit Vermiculit isolieren wollen, müssen Sie ihn mit Tonbrei mischen und das Gemisch hart austrocknen lassen, bevor Sie darauf bauen. Für eine Isolierung, die keine Last tragen muss, passt das. Einen Atemschutz tragen!

Hilfe! Als ich die Sandform entfernte, stürzten Teile des Gewölbes ein!

Wenn es sich um einen kleinen Einsturz handelt und der Ofen sowieso eher massiv gebaut wurde, kann es sein, dass der Einsturz nichts ausmacht und Sie den Ofen einfach trocknen lassen können.

Wenn der Ofenlehm sehr nass ist und ein kompletter Einsturz droht, sofort aufhören und, soweit es geht, Stützmaßnahmen einleiten. Versuchen sie die Wölbung mit Papier- oder Stofffetzen und mit einem Stock (der eine Spur kürzer ist als dies Wölbung hoch) abzustützen. Dann alles trocknen lassen.

Füllmaterial lässt sich aus sehr klebrigem Lehmputz mit zusätzlichem Ton und kurzem Stroh oder Mist machen. Manchmal hilft es, Stöcke oder Nägel in die umgebende Hülle zu stecken, um das Füllmaterial mit der Lehmwand zu verzahnen.

Der Ofen hat nicht nur Risse bekommen, es fallen auch große Stücke heraus!

Dies könnte ein Anzeichen dafür sein, dass etwas mit den Materialien nicht stimmt. Es kann aber auch ein Indiz für eine unsachgemäße Handhabung des Ofens sein. Wenn Sie das Brot dämpfen, kann der Kontakt des kondensierenden Wassers mit dem heißen Mauerwerk zu Rissen und Abbröcklungen führen. Langfristig kann dies den Ofen kaputt machen. Die Lösung hier ist, damit aufzuhören, zusätzlichen Wasserdampf mittels eines Wassergefäßes zu erzeugen und die natürliche Kruste, die durch den Dampf aus dem Teig selbst erzeugt wird, so wie sie ist, zu genießen. Wenn es für Sie nicht vorstellbar ist, im Ofen nicht zu dämpfen, können Sie eine Sprühflasche verwenden, um das Brot zu „benebeln". Manche Leute verwenden sogar ein Dampfgerät. Laut Hannah bewirkt eine Pfanne mit Wasser im Ofen wenig.

Wenn die Ursache nicht Dampf ist, kann es sein, dass der Ofenlehm zu wenig Ton oder zu viel Ton von schlechter Qualität enthält. Der Ofenlehm könnte auch zu trocken gewesen sein

ACHTUNG

NIEMALS ALLEIN IM INNEREN DES OFENS HANTIEREN!

So wie bei jedem geschlossenem Raum schauen, dass noch jemand dabei ist, wenn das Innere eines Ofens repariert wird; besonders dann, wenn sich beide Arme oder der ganze Oberkörper in diesem Raum befinden. Ich habe nie gehört, dass ein Ofen auf jemanden eingestürzt ist, und ich möchte, dass dies auch nie passiert! Außerdem kann es bedrängend sein, mit Werkzeugen und Materialien im Ofen zu arbeiten und somit kann ein Helfer sehr nützlich sein.

oder er wurde während des Bauens zu wenig verdichtet. Auch hier gibt es noch Möglichkeiten. Ein mineralisches Bindemittel, das Wasserglas heißt, ist im Handel erhältlich. Dieses eins zu eins mit Wasser mischen und mit einer Bürste an die saubere (rußfreie) Innenwand anbringen. Atmen Sie dieses Gemisch nicht ein oder halten sie es von ihrer Haut fern, da es ätzend ist. Deshalb auch von Fenstern fernhalten, da es auch auf Glas ätzend wirkt. Sonst ist Wasserglas reaktionsträge (inert) und macht den Ofen widerstandsfähiger, wenn er heiß wird.

Eine andere Option wäre den Ofen quasi von innen zu verputzen. Dazu einen sehr klebrigen Putz mit besserer, tonhaltigerer Bauerde und feiner Faser herstellen, um das Schrumpfen zu hemmen. Bestreichen Sie die Innenwand des Ofens mit Tonbrei, um die Bindung zu verbessern, und verputzen Sie danach die Innenwand. Mehrere Lagen übereinanderschichten, bis diese ca. 1 cm dick sind. Dann alles langsam trocknen lassen (die Tür halb geöffnet lassen).

Der Ofenmund bröckelt ab

Metall am Ofenmund kann Sprünge verursachen, und zwar wegen dessen unterschiedlicher Ausdehnung und Schrumpfung. Mangel an Vorsicht im Gebrauch ist eine andere Ursache. Zum Glück lässt sich der Ofenmund relativ leicht wiederherstellen. Sie könnten auch einen Ziegelbogen hinzufügen; siehe Seiten 62–67. Siehe auch die Hinweise unten zum Thema Kombinieren von nassem und trockenem Material.

Mein Ofen aus purem Ton zerfällt!

Angenommen, dass Ton und Schluff nicht verwechselt wurden (was wirklich leicht passiert), kann es sein, dass das Material zu trocken war, zu wenig verdichtet wurde oder beides. Wenn nur eine von diesen zwei Möglichkeiten zutrifft, kann der Ton nicht zu einer einzelnen soliden Masse werden. Er könnte aber mit Wasserglas oder einem Innenputz gerettet werden (siehe Sicherheitsnotiz links). Ein neuer Ofen, der viel Sand abzugeben scheint, könnte Reste der Sandform an den Wänden haben. Diese einfach wegkehren.

Kann nasses Material mit trockenem Material kombiniert werden?

Da Lehmputze keinen chemischen Prozess durchlaufen, sind sie sehr flexibel – wenden Sie sie nach Lust und Laune an. Das Zerkratzen der alten Oberfläche fördert die Haftung, ebenso wie das vorherige Anfeuchten und mit Tonbrei anstreichen, bevor Sie das neue Material auftragen.

Kalkputz klingt sehr schön – wie schwierig ist er wirklich?

Mit Kalkputzen herumzuexperimentieren ist gar nicht schwierig, besonders wenn es hauptsächlich ums Färben geht. Wirklich professionell mit Kalkputz zu verputzen ist jedoch eine Kunst. Er kann an trockenem Lehm angebracht werden, die Oberfläche sollte aber zuerst befeuchtet werden. Kalkwasser, das traditionell verwendet wird, besteht aus Wasser, in das etwas Kalk eingemischt wird, um es basisch zu machen. Langsames Trocknen maximiert dessen Festigkeit. Idealerweise sollte ein Kalkputz wochenlang, wenn nicht monatelang, feucht gehalten und abgedeckt werden. Es ist ein uraltes und außergewöhnliches Kunsthandwerk. Wenn Sie interessiert sind, sollten

Sie sich hier etwas fortbilden und nach geeigneten Kursen suchen.

Empfehlungen zum Ofendesign

Kann ich den Ofenmund breiter machen, um ihn für Pizzen passend zu machen?

Die Breite des Ofenmundes beträgt im Allgemeinen die Hälfte des Backflächendurchmessers. Da, wo das häufige Backen von Pizzen eine größere Breite erfordert, gleiche ich dies mit einem breiteren oder tieferen Ofen aus, um ihn, das ist am effektivsten, oval zu machen – so wie beim kanadischen Ofen. Eine solche Form hilft, den kühlenden Effekt eines breiteren Ofenmundes auszugleichen.

Sollten Pizzaöfen nicht eine niedrigere Kuppel haben?

Die Innenhöhe der Kuppel kann für einen Pizzaofen niedriger sein, aber wenn der Ofen 60 cm oder kleiner ist, kann eine Kuppel, die niedriger als 30 cm hoch ist, die Luftströmung einschränken und Probleme mit der Rauchentwicklung erhöhen.

Was ist, wenn ich einen wirklich großen Ofen bauen möchte?

Wenn die Kuppel zu hoch wird, verliert man den Dampfeffekt, der eine gute Kruste ausmacht. Andererseits riskiert man mit einer niedrigen, flachen Kuppel einen Einsturz.

Was spricht für oder gegen Öfen aus Zement?

Herkömmlicher Portland-Zement zerbricht bei 370 Grad und reagiert empfindlich auf wiederholte Temperaturschocks. Die in Amerika veröffentlichten Pläne (im *Sunset Magazine*) für einen mit Zement „verstärkten" Adobeofen bringen keine entscheidende Verbesserung. Nach meinen Erfahrungen ergibt sich durch Zugabe von Zement zum Lehm das Schlechteste aus beiden – die Masse ist empfindlich und staubig sowie unangenehm zu bearbeiten, dazu kalt, feucht und teuer. Feuerfester Zement ist andererseits für den Gebrauch bei hohen Temperaturen in Töpferöfen hergestellt. Er sieht aus wie Portlandzement und fühlt sich auch so an, allerdings kostet er zwei- bis dreimal so viel. Ich habe aus diesem Zement mit gutem Erfolg ein paar Öfen gemacht.

Könnte ein Lehmbackofen auch zum Heizen meines Hauses bzw. zum Wasserheizen verwendet werden?

Ich würde mein Haus nicht nur ausschließlich mit einem Lehmbackofen heizen wollen. Er würde bestimmt zum Heizen des Hauses einen Beitrag leisten, es gibt hier aber weitere wichtigere Fragen zu beantworten (siehe S. 135 f.). Das Thema Wassererwärmung steht im Zusammenhang mit der Häufigkeit des Einheizens. Die Hitze eines kontinuierlich gebrauchten Ofens für einen anderen Zweck zu verwenden, erscheint mir nicht gerade sinnvoll – eine Nutzung für die Restwärme des Rauchabzugs zu finden, ist aber eine interessante Idee. Wenn der Ofen nur gelegentlich eingeheizt wird, könnten die Wasserleitungen so platziert werden, dass die Nachhitze nach dem Backen gespeichert werden kann. Ein solches System bräuchte Ventile und Abflüsse, um der Entwicklung von Wasserdampf und Druck vorzubeugen.

Haida Sun

Dieser Ofen ist von der Kultur des Haida-Volksstamms inspiriert, der im Nordwesten von Amerika heimisch ist; geformt wurde er von Dennis Kuklok im Regenschatten der Olympic-Halbinsel im Bundesstaat Washington. In der Regenzeit wird der Ofen mit einer Plane abgedeckt. Dennis ist sehr mit Permakultur beschäftigt, mit Zopilote und der Cob Cottage Company vernetzt und international tätig.

Hilft Alufolie, Wärme zu speichern?

Es könnte eine Idee sein, Alufolie zwischen den Ofenlehm und die Isolierung zu geben, um Hitze nach innen zurückzuwerfen. Meiner Meinung nach lohnt sich dieser Aufwand nicht. Erstens wäre der Ofen weniger feuchtigkeitsabsorbierend, wäre so weniger effizient und weniger stabil. Zweitens rostet Aluminium genauso wie Stahl. Wärme beschleunigt die Reaktion, so wie Salze und Säuren, die in diesem Umfeld auftauchen können. Drittens ist die Wärmeübertragung ein komplexer Prozess und es ist nicht klar, wie die Alufolie auf alle Schichten des Ofens wirkt. Alufolie reflektiert Hitze (die als Infrarotlicht angesehen werden kann) wie ein Spiegel. Während Alufolie zwischen einem Menschen und einem Feuer abschirmend wirken kann, wird die Folie selbst heiß – und damit auch alles, was mit der Folie in Berührung kommt. Eine Thermoskanne funktioniert, weil die reflektierende Schicht mit einem Vakuum umhüllt ist. Ein Ofen ist komplexer als eine Thermoskanne. Ich gebe zu, ich habe wenig Lust, dem nachzugehen, würde aber gerne von Ihren Erfahrungen hören!

Nachwort: Erde, Öfen und Kunst

Ich bin bei meiner Mutter, einer alleinerziehenden Künstlerin, aufgewachsen, die zu Hause immer interessante Projekte am Laufen hatte, mir das Brotbacken beigebracht und es mir erlaubt hat, einen Tag der Woche von der Schule frei zu nehmen, um Keramik von einem Fachmann zu lernen, und die mich mit 17 ermutigt hat, nach Italien zu gehen, um Marmor zu schnitzen. Brot und Kunst sind also Konstanten, aber erst in meinen 30er Jahren fing ich an, meinen Lebensunterhalt damit zu verdienen, nachdem ich die Welt der Erwerbstätigkeit (hoffentlich endgültig) verlassen hatte.

Ich wusste nicht genau, wie ich es machen würde, aber irgendwann hat ein Freund von mir, der Anthropologie unterrichtet, mich zu einen Vortrag eines Gastdozenten eingeladen. Der Gastdozent „lebte mit 3000 Dollar [ca. 2200 Euro] im Jahr in einer Lehmhütte, die er um 500 Dollar [ca. 375 Euro] gebaut hat". Das erweckte mein Interesse.

Der Gastdozent war ein Waliser namens Ianto Evans. Er hat anscheinend schon überall in der Welt gelebt und gearbeitet. Seine Rede handelte von Permakultur und angepasster Technologie. Was bei mir jedoch haften geblieben ist, ist eine luzide und genaue Erklärung des Zusammenhangs von Ästhetik und Funktion bei allen möglichen Gegenständen: von Gärten über Häuser bis hin zu Stapeln von Besen auf überbeladenen Bussen in Guatemala.

Ianto hat bei meinem Nachbarn übernachtet, weshalb ich die Gelegenheit hatte, mich mehr mit ihm zu unterhalten. Dadurch erfuhr ich mehr über die „Cob Cottage Company" (Lehmhüttenunternehmen), die er gerade mit seiner Frau Linda Smiley und ihrem Partner Michael Smith ins Leben gerufen hatte. Sie bieten praktische Kurse zum Thema Lehmbau an. Ich und ungefähr 15 anderen Teilnehmer verbrachten eine Woche mit ihnen, in der wir eine Lehmhütte errichtet haben. Eines Nachmittags haben wir einen Lehmbackofen in einem Stil gebaut, wie er überall auf der Welt zu finden ist. Am nächsten Tag hatten wir frisches Brot.

In den Monaten darauf reiste ich dann viel herum. Als ich im Bundesstaat Minnesota ankam, um meinen Vater und seine 30-jährige Frau zu besuchen, war der Höhepunkt jeder

Mahlzeit das Brot von Mary; ein wundervolles Sauerteigbrot, das ich nicht mehr gegessen hatte, seit ich 12 Jahre alt war und für einen Sommer in Frankreich lebte. Das Buch, aus dem Mary das Rezept hatte, präferierte einen „Ziegelofen im Hinterhof", damit das Brot optimal gebacken wird. Ich habe stattdessen einen Lehmbackofen vorgeschlagen und danach einige heiße, schwüle Tage damit verbracht, ein sehr tiefes Loch zu graben und aus einer zerfallenen Gartenmauer aus Kalkstein einen Unterbau zu bauen (in Minnesota friert der Boden bis zu einem Meter tief, weshalb ich so tief graben musste). Ich grub und transportierte Sand und Erde mit einem Pickup und einer Schubkarre – und ein paar Tage später war der Ofen fertig. Wochen danach, als ich bei meinem Bruder ankam, zeigte ich ihm Fotos von dem Ofen. Er wollte auch so einen haben. Kinder aus der Nachbarschaft halfen; der fertige Offen hatte die Form eines mythischen Wesens. Ein Dreijähriger nannte ihn „Goona Zoona".

Beide Öfen hatten grobe Fehler. Mein Vater wollte unbedingt, dass sein Ofen mit Zement stuckiert wurde – dieses Vorhaben scheiterte und den Ofen gibt es nicht mehr. Für den zweiten Ofen bei meinem Bruder schlug ein Verwandter vor, die Backfläche aufwärts von vorne nach hinten zu neigen, um den Brennvorgang zu fördern. Dies hätte auch funktioniert, wäre der Rauchabzug hinten gewesen. Da er aber vorne war, habe ich hinten einen nachrüsten müssen. Ich habe den Ofen mit Gips verputzt, da ich keine Zeit hatte, eine Überdachung zu bauen und damals keine Kenntnisse von Kalkputzen hatte. Ich glaube, der Gipsputz saugte mehr Wasser auf, als er abwies. Im folgenden Jahr backte der Ofen bei der Hochzeit meines Bruders jedoch siebzehn Laibe Sauerteigbrot in drei Ladungen bei einmaligem Einheizen: 20 Minuten für die erste Ladung, 45 für die zweite, eine Stunde für die dritte. Im folgenden Winter fiel ein Ast von einem Ahornbaum auf „Goona Zoona"; der Ofen konnte nicht mehr benutzt werden. Der nächste Ofen wurde dann besser.

Um zum Thema Brot zu wechseln: Ich bin mit dem selbstgebackenen Brot meiner Mutter aufgewachsen. Sie ist eine wahre Künstlerin, die nur selten Rezepte benutzt. In einem Buch, das sie über Skulpturen aus Brot schrieb, merkte sie an: „... es gibt keine Fehler, nur neue Weisen, Brot zuzubereiten." Als ich zwölf Jahre alt war, schickte sie mich auf einen Bauernhof in die Bretagne (eine Erfahrung, die für mich um einiges mehr wert war als die meisten Ferienlager). Ich lernte Französisch, arbeitete auf dem Feld, spielte (und kämpfte) mit den Enkelkindern des Bauern. Wir aßen viel *pain de campagne* (Bauernbrot). Ein oder zweimal die Woche kaufte die *Granmere* beim örtlichen Bäcker viele bis zu einen Meter lange Brote, die in einer großen Brotkiste in der Küche gelagert wurden. Die Nachmittagsjause bestand aus *goutée* – einer dicken Brotscheibe mit Butter und Zucker. Zum Frühstück gab es die gleichen dicken Butterbrote, diesmal nicht mit Zucker, sondern in warme Milch, Schokolade oder Kaffee getunkt. Jedes Mal, wenn ich meinen Toast in Kaffee eintunke, denke ich an das Frühstück, das ich in der Bretagne bekommen habe. Für lange Zeit sollte es eine wehmütige Erinnerung bleiben, weil ein solches Brot scheinbar auf meiner Seite des Atlantiks nicht zu finden war bzw. gar nicht gebacken wurde.

Als ich den Lehmofenbau lernte, lernte meine „andere Mutter" zum Glück authentisches französisches *pain au levain* (Sauerteigbrot) zu backen. Sie ist zwar auch eine Künstlerin, aber auch präzise und methodisch, was notwendig ist, wenn man mit Keramik seinen Lebensunterhalt verdienen will. Es überrascht also nicht, dass sie gut mit Kochbüchern umgehen kann, mit denen sie das Backen mit traditionellem Sauerteigbrot lernte.

Für mich war es lehrreicher als ein Buch, Mary beim Kneten und beim Ansetzen langjähriger Hefe-Starterkulturen zu beobachten. Obwohl ich schon jahrelang Brot gebacken hatte, lernte ich erst durch diese Beobachtungen, wie gutes Brot gebacken wird. Während ich meine Backfähigkeiten immer weiter verbesserte, habe ich auch Öfen gebaut und bemerkt, dass das Brot, das im Lehmbackofen gebacken wurde, immer besser wurde. Es hat ein wenig gedauert, bevor ich wirklich verstand, was ich beim Ofenbau „technisch" machte. Aber mit der Zeit begriff ich das Offensichtliche: „Aha!"

Ich habe zwar ganz gute Brotlaibe im modernen Backrohr gebacken, aber beim modernen Backen geht das ganze praktische, schöne und essentielle Wissen darüber verloren, was Erde, Wasser, Luft und Feuer in Leben umwandelt. Brot hat seinen Ursprung in fruchtbarer Erde, Sonne und Saatgut; diese Faktoren geben uns Getreide, Mehl, Brot und Leben. Es ist eine beeindruckende Verpflichtung, die wir als Dank für unser Brot annehmen und die wir zu guter Letzt nur mit unserem Leben und unserem eigenen Leib zurückzahlen können. Staub sind wir und zum Staub werden wir wieder. Dieser Staub ist aber heilig und muss, wie der Phönix aus der Asche, wiedergeboren werden.

Brot und Freizeit

Bei einer Podiumsdiskussion über die Welthandelsorganisation erzählten europäische Teilnehmer, sie kauften auf keinen Fall Fleisch von US-Rindern, die mit Hormonen behandelt worden seien. Die WTO genehmigte den USA Sanktionen, bis das Verbot für amerikanisches Rindfleisch fiel. Was soll denn daran „frei" sein? Ich will auch kein von Hormonen behandeltes Fleisch essen, die WTO aber räumt großen Unternehmen eine entsprechende Macht ein. Sie können ihren Willen durchsetzen, ohne irgendwelche Verantwortung übernehmen zu müssen. Amerika revoltierte gegen die britische Krone wegen weniger. Nichtgewählte Könige unterscheiden sich kaum von nichtgewählten Aktiengesellschaften; in Amerika haben sie das gesetzliche Recht auf „Redefreiheit", aber durch ihre wirtschaftliche Macht haben sie so viel Kontrolle über Massenmedien, dass ihre Botschaften zu einer Art Evangelium werden. Was tut man nun angesichts dessen? Antwort: Zum Beispiel einen eigenen Garten anlegen, biologischen Weizen kaufen (oder wachsen lassen) und das eigene Brot backen. Dies ist dann kein Protest, sondern eine Frage der Prinzipien.

Wie jede Form von Kunst weckt das Erbauen von Öfen und das Backen von Brot ein Bewusstsein für grundlegende Kreisläufe – Zusammenhänge, die letztlich jenseits dessen, was man wissen kann, liegen. Das Wesentliche

Ein mit hoher künstlerischer Fertigkeit erstellter Lehmbackofen von Tara Johnston. (© Tara Johnston) ▲

ist nicht, ob man die ganzen Wie- und Warum-Fragen versteht. Was wichtig und wertvoll ist, ist, dass man es auch macht.

Der echte Wert guten Brotes ist, glaube ich, Folgender: Ist man sich seiner Beziehung zur Welt bewusst, weiß man, dass diese mit Geld nicht gemessen werden kann. Nur das Leben hat einen Wert; wie aber kann dies gemessen werden? Es geht nicht um Verdienst und Einkommen, sondern um freigebiges Geben und Nehmen. Der rumänische Bildhauer Constantin Brâncuşi sagte einmal: „Eine Skulptur muss nicht nur gut gebaut, sie muss auch angenehm zu berühren sein und man sollte gerne mit ihr leben." Wenn dies nicht auch auf Brot übertragbar ist, dann höre ich auf, Brot zu essen. Brot ist, so wie Kunst, eine Art Einladung – zum Sitzen, zum Rasten, zum Geschichtenerzählen, zum Kochen, zum Teilen, zum Ausrichten von Partys, Mahlzeiten und Festen. Ein Lehmbackofen ist auch eine solche Einladung; seine volle runde Form ist ja „zum Anrühren schön ... und damit zu leben ... ist angenehm". Obwohl Brote und Öfen nur selten in Museen und Büchern verewigt werden, sind sie doch Kunstwerke, also das Ergebnis der Formung von Materialien, mit denen neue Formen, also neues Leben, geschaffen werden.

Kunst ist nicht in Pinakotheken geboren. Kunst ist unser gemeinsames Erbe. Wenn Sie die Bereitschaft haben, sich auf die Erschaffung von etwas Neuem einzulassen – und sei es auch nur so etwas Einfaches wie ein Lehmbackofen oder ein Laib Brot –, dann haben Sie etwas, was niemand lehren kann und was sich mit Geld nicht kaufen lässt.

Was ist die Alternative? Wenn wir das sind, was wir essen? Was wird denn aus uns, wenn wir Brot von einer Fabrik essen, in der menschliche Hände niemals den Teig berührt haben? Ist der von Großunternehmen geförderte Konsum tatsächlich das Maß aller Dinge?

Das Leben erfordert Anteilnahme – wir sollen schauen, lernen und schaffen. Künstler oder Handwerker zu sein, ist nicht mehr und nicht weniger als Mensch zu sein, also Hände, Kopf und Herz bei der Entstehung von Form und Beziehung einzusetzen, um sich selbst und die Welt zu feiern und zu erneuern, um ganz zu werden und ganz eingebunden zu sein, Gemeinschaft anzubieten und Gemeinschaft aufzubauen. Sie können aber ganz schlicht auch nur einen Lehmbackofen bauen, um sich das eigene Brot zu backen.

Kooteney-Ofen: Hannah half mit, diesen Ofen in Britisch-Kolumbien aus purem Ton und mit einem klassischen kanadischen Korb aus Erlenholz zu bauen. Ins Auge fällt die einfache Einrichtung zum Entfernen der Asche. (Fotos und Ofen: Uli Holtkamp und Sean Hennesey) ◂

Anhang

Schritt für Schritt zum eigenen Backofen am Beispiel eines Lehmziegelbackofens

Im Folgenden finden Sie eine alternative, wenn auch kostenintensivere, dafür aber stabilere und dauerhaftere Lösung für einen Holzbackofen in Lehmziegelbauweise. Der Ofen wird in diesem Fall aus Lehmziegeln, die mit Lehmmörtel verbunden werden, gebaut. Anstatt der Sandform wird hier eine Schalung für die Form des Ofens verwendet. Am Ende wird auch dieser Ofen mit Lehm verputzt; siehe S. 83 ff.

1

Abmischen von Baulehm (siehe hierzu auch S. 56)

2

Erste Schritte zur Erstellung des Unterbaus: Die Schablonen für das Gewölbe werden auf behelfsmäßigen Stützen aufgelegt. Wenn das Gewölbe fertiggestellt ist, werden Stützen und Schablonen entfernt.

Wenn die Schablonen aufgestellt sind, wird die Schalung angebracht.

In einem nächsten Schritt wird das Gewölbe gemauert.

Am Ende dieses Schrittes werden die Schlusssteine eingesetzt (siehe u. a. S. 66).

Dann wird für den Unterbau des Ofens eine ebene Fläche bereitet.

Am Baubeginn des eigentlichen Ofens werden zuerst zwei Reihen Ziegel aufgemauert.

Der nächste Schritt: Justierung, Isolierung und Einbau der Ofentürzarge (siehe zur Ofentür auch S. 61 ff.)

Bevor mit dem Gewölbebau begonnen wird, wird über der Ofenöffnung ein Sturz (Überlage) eingebaut.

Wenn der Ofen fertig aufgemauert ist, …

… wird Perlit als Isolierschicht hineingeschüttet, ...

… eingeebnet und mit Lehmmörtel überzogen (siehe auch S. 46 f.).

Auf der Lehmmörtelschicht wird dann eine Schicht Lehmziegelsteine aufgebracht, ...

… die Fugen werden mit Perlit verfüllt (siehe auch S. 46 f.).

Wieder wird Lehmmörtel aufgebracht, auf dem die Schamottesteine gesetzt werden (siehe auch S. 60).

Die Fugen werden wieder mit Perlit ausgefüllt.

Im Folgenden wird die Schalung für das Ofengewölbe aufgebaut; (siehe auch Abb. 2).

Über die Schablone werden dünne Platten (Kunststoff oder Holzfaser) gebogen.

Mit Lehmziegelsteinen wird nun das Gewölbe aufgebaut.

Im vorderen Bereich wird eine Öffnung für den Rauchabzug ausgespart, …

21

… die an der Vorderseite durch das Gewölbe über der Türöffnung geschlossen wird.

22

Im Rauchfang wird eine Öffnung ausgestemmt, …

23

… die dann mit einem Schamotterohr eingefasst wird.

24

Nun wird der Rauchabzug von der vorderen Öffnung im Lehmbackofen …

25

… zum Rauchfang hin gebaut (siehe auch S. 120 ff.).

26

Die Abdeckung dieses Rauchabzugs erfolgt mit Schamotteplatten.

Danach wird die Schalung des Gewölbes durch die Ofentür entfernt.

So sollte der Ofen von innen aussehen, wenn alles gelungen ist.

So könnte Ihr Ofen aussehen, bevor er verputzt wird.

Sollten Sie Ihren Lehmbackofen im Freien aufstellen wollen, ist eine Überdachung, wie hier beispielhaft durchgeführt, unabdingbar (siehe auch S. 32 ff.). (Foto: © Reinhold Zötsch)

Danksagung

Mein besonderer Dank geht an alle Ofenbauer und Leser, die zu diesem Buch beigetragen haben, und zwar entweder durch ihre besondere Großzügigkeit oder ihre Inspirationen im Hinblick auf die Themen Öfen, Erde, Kunst und Bücher oder indem sie das Manuskript meines Buches gelesen oder Fotos und/oder Berichte eingereicht haben (ihre Namen sind im Text zu finden). Dank geht auch an die zahlreichen Teilnehmer der Workshops (besonders an die Gastgeber) und an alle „Brüder und Schwestern im Lehm", die ihre Fußabdrücke in aller Welt hinterlassen.

Weiter geht mein Dank an: Alan Scott, Alejandra Caballero und Paco Gomez, Andrew Whitley, Ann Wiseman, Bev Brown, Bill und Athena Stehen, Bob Carlson, die Mitglieder der Brickoven Group, die täglich ihre Erfahrung und Begeisterung teilen, Catherine Wanek, Charlie Bremer, Clark Sanders, Coenraad Rogmans, Connie Battaile, Dan Wing, Dawn Leslie, Ianto Evans, Jason Saunders, Larry Winiarski und das Aprovecho Institute, Linda Smiley, Michael Smith, Peter und Mary Denzer, Pete Fust, Piet Vermeer, Sandy Arbogat, Shelley Wiseman, Suz Doyle und die Corvallis Unity sowie Tee Corinne.

Ein ewiges Dankeschön geht an jene Unterstützer, die mir die Möglichkeit eröffnet haben, um ein Zuhause und einen Garten zu gestalten, wo ich geschenkte Samen säen, diesen zuschauen und davon lernen konnte. Und ich bedanke mich bei Hannah für ihren Mut und ihre Kameradschaft, mit mir Felder, Wälder und Städte auf der Suche nach dem täglichem Brot und Glück zu durchstöbern.

Ein Lehmbackofen als Wärmequelle in einer stimmungsvollen Winterlandschaft. (© Lorey Brown)

Stichwortregister

Das Register führt die jeweils wichtigsten Stellen an.

Aus unserem Programm

ISBN 978-3-7020-1215-1

ISBN 978-3-7020-1362-2

ISBN 978-3-7020-1361-5

ISBN 978-3-7020-1415-5